U0297021

物理与科普

WULI YU KEPU

郝瑞宇 / 编著

西南交通大学 出版社

·成都·

图书在版编目（CIP）数据

物理与科普 / 郝瑞宇编著. —成都：西南交通大学出版社，2014.8
ISBN 978-7-5643-3306-5

Ⅰ．①物… Ⅱ．①郝… Ⅲ．①物理－普及读物 Ⅳ．①O4-49

中国版本图书馆 CIP 数据核字（2014）第 192016 号

物理与科普

郝瑞宇　编著

责 任 编 辑	张宝华
封 面 设 计	墨创文化
出 版 发 行	西南交通大学出版社
	（四川省成都市金牛区交大路 146 号）
发行部电话	028-87600564　028-87600533
邮 政 编 码	610031
网　　　址	http://www.xnjdcbs.com
印　　　刷	成都蓉军广告印务有限责任公司
成 品 尺 寸	170 mm×230 mm
印　　　张	7.5
字　　　数	90 千字
版　　　次	2014 年 8 月第 1 版
印　　　次	2014 年 8 月第 1 次
书　　　号	ISBN 978-7-5643-3306-5
定　　　价	22.00 元

前　言

　　岁月荏苒，转眼间，已在高校度过了 16 个春秋。在这 16 年里，书声琅琅、空谷回音，凝望苍穹、星光灿烂，雨雪风霜、大树云耸，小舟明灯、心海照亮；在这 16 年里，既有学生时代的绚丽回忆，又有作为人师的美好故事；在这 16 年，物理学一直相伴左右，展现大自然的精华，启迪智慧，涤荡心灵。为此，我们有理由呈现一本体现物理教育之点、科学文化之滴的小册子。这本小册子就以《物理与科普》命名吧。

　　在该册子中，通过整合文献 1-43 的部分相关内容（具体见正文中标识），从科普的视角介绍高等院校中物理教育的相关问题。包括物理教育概述（第一章），科普概述（第二章），物理教育的科普属性和科普在物理教育中的作用（第三章），物理（实验）课程在科学道德层面、科学精神层面、科学思想层面、科学方法层面、科学知识层面的科普意义（第四章），物理教育中的科普实践形式与物理（实验）课程中的科普实践形式，以及富兰克林的十三种品德、居里夫人与孤子精神等体现物理学家的科学道德与精神的专题，体现事实的重要性与选择、表达、理解、视域、过程的形式、数学和逻辑及数学创造、偶然性、空间的相对性、比较与分类等物理学思想方法的例子，"师言师语"式教学风格等（第五章）。这些内容是构成大学生科学文化素养（物理学素养）的重要组成部分，对于培养学生的科学道德、科学精神、科学思想，增强学生运用科学方法的能力，进一步拓展学生的知识领域具有潜移默化的作用。

同时学生还能通过这些内容，学习物理学发现与发明的科学性，感悟物理学家的科学思想与科学精神的艺术性，提高自身科学文化素质，增强向公众传播普及科技成就的能力。

总之，真诚地希望，这本小册子能略表课堂中学生热烈的掌声和课下学生高度的评价给自己带来的感动；能稍抒 16 年青春岁月那郁郁葱葱、暖意融融的情感；能在学子们的心田荡出一片春意，心空点缀一片彩云；能让学子们体会深沉的静美、浩瀚的境界；能让学子们驰骋在追求的原野，万里奔流！

由于作者水平有限，书中难免存在不妥之处，请批评指正。

郝瑞宇

2014 年 3 月

目　录

第一章 物理教育

高等院校中的物理教育是高等教育的重要组成部分。因此，本章将从高等教育入手，概述物理教育。

第一节 高等教育

什么是高等教育？在这里我们作一简单介绍[16]。

一、大学的发展历程、定义与性质

谈到高等教育，一定与大学分不开。现代大学概念，来自英文University，指聚集在特定地点传播和吸收各个领域高深知识的一群人的团体。"university"这个词可以上溯到拉丁词，在中世纪，被用来指由教师和学生所构成的联合体。这类联合体即今天大学的最初形式。当然，"university"一词还可追溯到更早期，希腊哲学家柏拉图于公元前 387 年在雅典附近教授哲学、数学、体育，创立学园，他被一些人认为是欧洲大学的先驱。因此，欧洲中世纪的大学，实际上是从行会性质学校发展起来的。在 11 世纪，"大学"一词和"行会"一词同样被用来形容行业公会，但是到了 13 世纪，"大学"一词就被用来专指一种学生团体。1088 年，在意大利博洛尼亚建立的波隆那大学，被认为是欧洲第一所大学，这所学校先由学生组织起来，再招聘教师。而有"欧洲大学之母"之称的巴黎大学，则是先组建教师组织，再招收学生。1810 年，威廉·冯·洪堡建立柏林大学，将研究和教学结合起来，并确立了大学自治和学术自由的原则，这被认为是现代大学的开端。

那么，大学究竟指什么？普遍认为，大学是高等教育的学府，泛指实施高等教育的学校，提供教学和研究条件以及授权颁发学位的高等教育机构，包括高等专科学校、学院、综合性大学等；特指多科系的高等学校，一般设有哲学社会科学（文科）和自然科学（理科、工科）方面的各种专业，再由几个相近的专业组成系。

现今，我国大学可分为全日制大学和非全日制大学。全日制大学又分为公办大学、民办高等教育、中外合作办学机构，主要实施全日制普通博士学位研究生、全日制普通硕士学位研究生（包括学术型硕士和专业型硕士）、全日制普通第二学士学位、全日制普通本科、全日制普通专科（含高职）教育，这五大类学历教育是教育部最为正规且用人单位最为认可的学历教育；非全日制大学有函授大学、广播电视大学、网络大学、夜大学等。

至于谈到高等教育的性质，一般认为，高等教育是在完成中等教育的基础上进行的专业教育，教学组织和形式有全日制和业余的、面授和非面授的、学校形式和非学校形式的等，是培养德、智、体全面发展，具有全面科学文化素质、创新精神和实践能力的各类高级专门人才的社会活动（培养研究高深学术的学者和研习应用科学技术的人才这条主线一直贯穿其间），其目的是促进科学技术专门人才的成长，促进各门学科学术水平的提高，促进教育、科技文化事业的发展。教育程度（层次）上一般可分为专科、本科、研究生班，不过本科教育仍然是高等教育的主体和基础。

现在，高等教育作为构成社会大系统中的一个子系统，与整个社会大系统及其他子系统之间存在着内在的本质联系，而且正朝着多样化方向发展，正从单一结构向多种结构演化。从世界上很多国家的高等教育结构层次来看，研究生、本科、专科这三个层次呈金字塔形，其中的短期大学和初级学院近几年来尤为受到重视，并获得了很大发展。并且，西方发达国家高等教育大众化的理念正日益被人们所接受，并转化为政府的教育政策，也就是说，中国高等教育面向社会精英阶层的传统正在成为历史。

二、高等教育的理念与意义

高等教育的发展历史可以追溯到欧洲中世纪的大学。中世纪大学的理念被视为一个学者自治团体，其中教学人员与学习人员并无多大差别，他们都是学术发现过程中的探索者。事实上，高等教育是以人的集合为主要构成要素的社会系统，在这个系统中，教师和学生是最基本的活动要素。后来，威斯康星提出大学的基本任务：第一，把学生培养成有知识、能工作的公民；第二，进行科学研究，发展创造新文化、新知识；第三，传播知识给广大民众，使之能用这些知识解决经济、生产、社会、生活等方面的问题。高等教育历经发展和不断转型，现已形成了包括四项职能的职能体系，即培养专门人才、科学研究、服务社会、文化传承。

1. 培养专门人才

不论高校怎样分类，培养专门人才都是现代高校的基本职能。专业设置即出于此目的。

专业教育应当使学生比较系统地掌握本学科、本专业所必需的基本理论、基础知识，掌握本专业必要的基本技能、方法和相关知识，具有从事本专业实际工作和研究工作的初步能力。专业素质主要指有关的专业基础理论、基本技能和基本能力等。但同时专业培养目标应能够体现出个体的差异性与基本规格要求的统一，帮助学生成为其自身发展的主人。现今，高等教育的任务不在于把学生打造成为知者、思想家，也不在于把他们造就为行者，而在于更多地把他们培养为全面发展、个性发展的人，使他们在多变的世界中能够深谋远虑，历经考验，适应社会需要。这应该是人才培养的根本。

在培养过程中，要使学生在德、智、体、美等方面得到全面发展。其中德育是要使学生具备良好的道德品质，勤奋学习，因为未来社会要求人才具有较高的人文精神和道德风貌；智育是要通过普通科学文化知识的教育，使学生具有较广博的科学文化知识，优化的知识和能力结构，具有良好的文化修养和开阔视野，并通过专业知识教育，使学生具有较扎实的专业理论知识，掌握本专业的基本概念、原理、原则和方法，了解本专业理论和实践发展的最新领域、最新成果和最新动向，进而形成合理的知识结构以及各种基本技能和专业技能，并在此基础上培养学生的能力（但不是作为某种工具而存在的单纯能力），发展学生的智力，也就是要培养学生的自学能力、科学研究能力、口头表达能力、数据处理能力、逻辑推理能力、独立判断能力、发现问题与解决问题能力、调查分析与创新能力、人际交往沟通与协作能力、组织管理能力等，培养学生科学的世界观、实事求是的科学态度和严谨的治学作风；体育是要传授给学生以体育运动的知识技能，增强学生的身体素质，发展运动能力，促进身体健康；美育是培养学生感受美、鉴赏美、表现美的情感与能力，完善审美心理结构。

现代科技发展对人才的需求，又要求高等教育调整种类结构，拓宽专业口径，提供适宜的环境，培养跨学科人才，以增强学生的适应能力和职业转移能力。这就要求学生应具有审视性的自我意识，使他们能看到所学内容之间的联系，并处理所学内容与实际情况之间的关系，学会运用各种不同于自己主要学习内容的思想方式、习惯做法和学科模式。

下面再详细谈一谈。

高等院校是人才培养的摇篮，学生在大学里接受的教育可能是正教育，也可能是负教育。学校不等于教育，大学也不等于高等教育，高等教育在于培养学生自由发挥的能力，在于帮助学生成为其自身发展的主人，并使学生的心智得到发展，实现自我赋权，即一个建立主体意识，增强能力和发展技能，通向更多参与、更加平等、更大影响的行动过程。在心智发展阶段，学生对所学的知识，能深入理解，能认识到知识的短暂性和可辩驳性；能摆脱被动接受知识的局面，进行审视性评价；能对其他知识形态保持敏感，并相对调整自己的历程，坚持自己的立场。学生应能把知识体作为一种开放的学习经验，围绕它或在其范围内开拓自己的道路。在此过程中，心智不断发展成熟。也就是说，学生如果要适当地促进自己的心智成熟，他们就需要有一定程度的智力空间。这使他们不仅能够领会，把事物纳入自己的理解范围并加以应用，而且能够审视性的评价与洞察现有的理论和传统（在审视性的知识态度中，常识与学术性的观点都被视为观点，而不是对世界的绝对说明），且愿意并有坚韧的追求真理的精神去采取一种自己的立场。这都意味着心智的独立和自由，学士就象征着学生实现心智独立。

高等教育价值也与其毕业生的审视能力成正比，其实现需要真正的学术自由。这也构成高等教育进程的六个条件：一是学生对某些知识主张的深入理解；二是学生对这些知识主张的根本性审视；三是与其他人一道不断开拓并发展这种审视的能力；四是学生参与决定这种审视的形式和方向，如某些独立探究方式；五是学生的反思及审视地评价自身的成就、知识主张和业绩的能力；六是学生在开放式对话和合作、避免不必要的指导中参与这种探究的机会。

当然，如果学生能够拥有其自由发挥的空间，那么大学教师就必须为学生实现思想自由提供条件。教师不断把自身学科的概念、结构、技能和方法介绍给学生是正确的，学生获得学科要求的必要理解和能力也是恰当的，然而审视若缺乏具体的审视对象，审视性思维也就毫无意义了。但是对一位教学人员而言，若提供的学科框架使学生只会坐井观天，抑或阻碍其他学科的多重视角，这种教育则是失败的。因此，首先要教师思想开放，支持学生提出不同观点，即使这些学科观点完全不属于教师自身的学科专业范畴。从理论上说，教师应该乐见学生超越自身学习的暂时限制，领会所读学科的全部意义。

事实上，高等教育就是增进联系、拓展知识范围的教育过程，其关键理念之一就是学生应该不受限制地获取知识。真理乃是整体的真理，而不是片面的、部分的真理，不同的学科构成了一个统一的知识宇宙，因此，教师应努力使学生在所有学习课程方面形成一个整体，使学生拥有一种适当的局部与整体关系的观念。而大学也不能任意限制其感兴趣的知识领域。作为学生，应该感到整个知识世界对他们是开放的。当然，高等教育不只是纯粹的传授知识，它需要对所触及的知识采取一种怀疑和探询的态度。相互联系的不同知识王国最终是相互补充的，因此对知识必须采取一种交叉学科的态度，让学生采取主科之外的其他视角来审视自己的学习对象。学生必须能够就课程所及形成一种思想形态观念。

高等教育中的高等理念意味着一种对既定意愿的超越。换言之，高等教育应该培养学生既掌握自己学科的内部标准，也能够用其他学科的原理和方法（即外部标准），来评判自己的学科。如果学生仅囿于一门或一门以上学科内部，由此构成的课程并不能视为高等教育课程，而仅是一种相关学科训练。内部、外部独立评价，形成某种观点，才转化为高等教育。当然，内部标准是基础；外部标准要求课程教学采取学科交叉的方式，以便让学生看清不同知识之间的联系，从而反过来引领他们实现生活实践过程中思想和行动的自由。真正的学科交叉要把不同的知识点引入课程，减少任何知识形态对学生的束缚，使学生能够从知识本身中解脱出来，学会处理自己喜爱的学科与其他学科领域的关系，知道何时转向其他学科领域，为其心智的自由发展提供意义重大的广阔前景。只有当学生能够从"乐趣"的状态中摆脱出来，并反思自己的所思所行，学生对高等教育的期望才有可能实现。唯有在自我反思之时，才能够达到真正的心智自由。高等教育应该是开启学生心智，并使其体察无限可能性的充满挑战与不确定性的历程。

学科交叉导致了一所院校不同院系之间，甚至大学之间更多的合作、对话及团队教学，审视性学科交叉又是学者共同体理念的当代体现。

总之，通过高等教育，能把人从无知、偏见、谬误、固执中解脱出来，使人能够自由地思想，自由地行使自己的意志与判断能力，进而成为自身发展的主人。高等教育就体现在能把学生推进到对自身经验进行审视性反思的理性层面，让学生做反思的实践者，让学生能在被赋予清晰的概念框架后，对各种重大论争有相当程度的认识，明了合理与荒谬之间的差别，并能对更广泛的社会意义作出审视性评价，能对所学习的东西持有自己的看法。只有这样，才能使大学师生的认识不会如出一辙。对于不同的观点，师生都可以作出自己的选择。当然学生们的观点未必像公认的权威观点那样完善，但他们坚持自己的观点仍然极为重要。他们应该分享自己的观点，并从不同的角度去加以审视。假如我们把真实视为包括学生在内的任何人都可以参与的一场对话，那么，真理是一个有价值的概念。而真正的高等教育的一个突出特征就是，鼓励学生在其中展现自我，明确表达自己的观点，以便将来做自身发展的主人。可以说，学术探索的对话性与学生独立的机会乃是高等教育的标志。

2. 科学研究

发展科学，进行科学研究是现代高校的重要职能。

科学研究就是要找到"前人尚未知"的一些问题，即某种存在、某种现象、某种方法、某种规律或者某种错误等。当然，在这个科学创新领域里，去把握它必然包含的核心，就是某种"发现"。所谓科学发现，是指用科学方法揭示客观世界未知事务的一种认知活动，它包括两个认识阶段，即感性认识阶段与理性认识阶段。其中感性认识阶段主要通过观察、实验、比较等手段进行直观感知，理性认识阶段则主要通过分析、猜想、检验与论证等手段进行理性探索。直观感知仅能得到初步印象，属于初步发现，而理性探索才能发现事物的本质，从而做出深层次的科学发现。

因此，研究是理性的集中体现，是以知识本身为目的的，它也是高等教育的前提。为了实现高等教育的有效教学，某人、某地应该从事研究，如一些基础研究、应用研究，当然还可支持青年研究人员开拓新的研究领域或开展教学设备研发、技能开发等。另外，还应意识到学术自由是研究的前提。只有在相对自由且学术共同体成员（学生可以且应该视为学术的合作者）比较自由的高等院校，客观知识才能最有效地保存、传播、揭示。

在科学研究中，应有一定的评价标准，因为获得同行对自己科研工作的独创性与首创性的认可是很重要的。笔者认为：第一类的科研工作，应是学术界同行在未得知该成果时，或者虽已得知，但对该工作的成果仍普遍无想法、无认识。而且该成果经过一段时间能被验证、被共识（共识是普遍效力的标志）是正确的、重要的，是普遍有效的，是可能彻底改变人们固有认识的。第二类的科研工作，是学术界同行在未得知该成果时，对该工作的成果也是普遍无想法、无认识。与第一类不同的是，该工作可能会改变一些重要领域或学科中人们的固有认识。第三类的科研工作，同样是学术界同行在未得知该成果时，对该工作的成果普遍无想法、无认识。与第二类不同的是，该工作能丰富一些重要领域或学科中人们的认识。第四类的科研工作，是学术界同行在未得知该成果时，已对与该工作成果密切相关的领域有一定的认识，但认识不深，该工作可能改变相关领域中人们的一些认识。第五类的科研工作，也是学术界同行在未得知该成果时，已对与该工作成果密切相关的领域有一定的认识。与第四类不同的是，该工作能丰富相关领域中人们的认识。第六类的科研工作，是学术界同行在未得知该成果时，已对与该工作成果密切相关的领域有相当的认识。该成果能改变或丰富该领域中的一些认识。第七类的科研工作，是学术界同行虽在未得知该成果时，对该工作无认识，但如机遇合适，同行中会有一些人能获得此成果。第八类的科研工作，是学术界同行虽未明确获得该成果，但同行们对该工作有潜在的认识。

在大学中实施科研评价时，除看论文数量及引证等外，还应尝试采取成果展示汇报的形式。具体来说，就是每隔一段时间，大学中的教师（可申请）集中向有关专家（专家由学校秘密从外校聘请）汇报一次，汇报时不出示本人姓名、发表的论文、承担的课题等信息（我们绝不能认为大学的原创性思想只能体现在一些课题、标明作者姓名的论文或著作上，事实上任何一个学院和系部都可能会有一些思想深刻的教师，虽然他们发表的东西未必很多，一些重要的学术思想也未必可以在其已发表的成果上看到），只谈所做的科研工作和一些学术思想，汇报完后由专家提问，教师作答，专家根据总体情况，参照上述标准（八类）独立投票，排出名次。这样可能有利于更客观地评价教师的科研业绩。

3. 服务社会

社会服务是现代高校职能的延伸。现代高校直接为社会服务的范围广泛，主要包括教学服务、科技服务、信息服务、设备开放服务等。这里尤其要提到产、学、研服务模式。我们注意到，科研、教学、生产一体化，已是当今世界高等教育、科学和经济综合发展的产物。从宏观上看，建立以高等学校为主导的、同科研和生产紧密结合的联合体，将可能是世界各国推行的高等教育革新与发展的共同模式，它的出现有其客观必然性。新技术和现代社会经济的迅猛发展，反映了科学理论对新技术的指导作用以及科技对现代社会经济发展的推动作用。而高校人才荟萃，智力密集，最能产生新知识、开发新技术，并作为更广大系统内智力的供应者。与企业合作就可以把大学的潜在生产力转化为现实生产力，对新兴产业的建立、学生实践能力的提高、新技术的开发，都产生巨大的推动作用。

今天，高等学校从企业和其他独立来源所获资金在不断增加，为社会提供的咨询和服务在日益增多，有些大学课程日益向培养学生的社会竞争力和教授企业相关技能转向，高等教育已然在面向现实社会经济，服务现代社会经济。这已成为世界高等教育革新的大趋势。

另外，高等学校是一个社会最高的理性场域，其教育应该成为社会的理性楷模，应该将知识传播给广大民众，并为社会服务，这也是大学的基本任务之一。高校教师可以运用已掌握和创造的科研成果，通过学术报告、科技咨询、推广新成果等形式，直接为社会服务。

4. 文化传承

文化是高等教育的本质归属之所在。高等教育存在一种极为重要的功能：传承作为一个公民所需的共同文化和共同标准，以便提供一个健康社会所依靠的文化背景、社会习俗和理所应当的生活方式。它是高等教育作为人类所创造的知识文化的重要传播场所、人类文化交流中心的一种特有功能。同时高等教育也是一种文化体验。譬如，在促进学生心智的全面发展方面，科学具有和人文同等的要求，科学基础应和人文素养融合发展。杜威曾经对自然科学知识的生活价值与精神价值的发掘与重视，对科学与人文统一关系的强调就说明了这一点。从形式上看它们是两种地位平等的文化：科技教育所提供的文化实际上是一种截然不同的体验，它从对学生体验内在特性的关注转向课程结束时学生知道什么及能做什么的兴趣。在此过程中，还要体现学术文化（学术共同体文化），最重要的表现之一就是语言真理取向的话语真实诚恳，对教什么学什么得到什么进行严格的自我审视。而文化素质主要指全面的科学文化素养，是良好人格形成的重要条件。

如今，推行站在文化发展与创造的视野上对大学复杂的现实问题与事件进行深刻观察、思考和研究，同时又以便于文化传播与弘扬的简约方式对学术研究成果进行可读性强的表达，实现学术与文化的结合。另外还应该使大学成为一个思考问题和发表深刻见解的场所，成为传播和发展高深文化的场所。当然对社会而言，高等教育文化的可迁移性与价值也不在于使学生获得某种具体能力，而在于使他们能对碰到的问题秉持一种怀疑和审视性的态度（其他有知觉的生物同样也可以感知世界，但唯有人类可以对知识作出判断、评价，并对其采取不同态度）。

三、大学教学概述

教学是大学的中心工作，是大学教育的核心环节，是实现一定的教育目的和人才培养目标的基本途径，是实现大学教育功能的主渠道，它将为培养适应社会需要的基础扎实、知识面宽、能力强、素质高的德、智、体、美全面发展的人才奠定重要基础。

1. 大学教学基本理论

教学，从本质上讲，是一种认识活动，是一种特殊的认识活动，是由教师的教和学生的学所组成的人类特有的意义建构活动，是教师与学生通过课程的共同建构实现共同发展的活动，是严格遵循教育学规律（捷克教育家夸美纽斯在 1632 年所著的《大教授学》是教育学诞生的标志）及"科学"的程序和逻辑顺序，使学生精确、快捷、有效地掌握知识的活动，是教育发展到一定阶段的高级形态。另外，还是学生在教师指导下的一种特殊的认识过程，是学生以所知为基础，知、情、意、行结合，德、智、体、美等方面得到全面发展的过程，是学生思想、观念形成的过程。在此过程中，教师依据一定的教育目的和特定的培养目标，有计划、有目的地引导学生认识客观世界，把学生培养成为合格人才；学生在教师指导下，系统地学习科学文化基础知识和掌握基本技能，同时使自身德、智、体、美等方面得到发展。其中，高校教学是学校教学过程的最后一个阶段，属于教学活动的高端阶段，是教学活动的一种特殊形态；是学校这一特定环境下的认识过程（正式的学校教育）转入社会实践认识过程（终身学习和学习社会化）的中间过渡阶段，这就决定了大学教学有自身特殊的教学原则。

大学教学的教学原则如下：

（1）科学性与思想性相统一。

要求教师在从学科特点出发传授科学知识的同时，贯穿有关的思想内容，传播科学的思想和价值观念。因为现代社会所需要的高级专门人才，不仅要具有扎实的专业基础知识与技能，而且还要有开放的意识、进取的精神与健全的人格。而大学存在的理由也不只是传授知识，还因为大学保存了知识追求和生活热情之间的联系，把不分老少的求知者聚集到充满想象力的学习中，将想象力与经验结合起来。那么，作为教育基本手段的教学，从人的培养来看，仅传授纯粹的知识是不够的，学校教育应通过情感和意志的训练，进行道德陶冶，还要通过知识的传授进行智慧启发，使学生在离开学校时，成为一个既富有个性又有益于社会的人。这就是说大学教学除知识和技能的培养外，还应把课堂建构成联系知识与社会、学术与思想、学习与生活的桥梁，应通过对社会问题与学术问题的广泛讨论与交流，培养学生的现代意识与人格特征，培养学生的审视性思维能力，让他们掌握科学研究的基本方法，体味知识发现的过程；还要让他们理解知识的价值与意义，确立求索知识的正确态度和充满探索精神的阳光心态，从而对人类知识与智能有一个敞亮的心胸。

（2）传授知识与培养能力相统一。

我们知道，知识学习服从遗忘规律，能力获得后往往终身受用。而自学能力与科研能力是学生能力发展的两个重要方面，缺一不可。关于自学能力，要求教师在教学中起引路人的作用。引路人就要善于指引，善于鼓舞，善于启发学生沿着正确的道路走，不应拖着学生，压抑学生，更不要代替学生走路。要使学生学会如何学习，学会如何在所学知识之间建立联系（良好的教育应使人们在所学的知识之间建立丰富的联系，将知识统一起来），怎样对所遇事物作出反应。大学生智力水平较高，足以完成由他人导向个体到自我导向个体的转变，并能在学习中意识和了解自己的学习需求，独立自觉地制订学习计划，随时依据反馈信息及现实情况调整学习步调，同时他们的发现学习能力也比接受学习能力具有更大的优势。关于科研能力，则无需多言，因为大学教学本身就带有科研性。也就是说，大学需要培养学生的学术创新、科学研究意识和能力。

（3）教师主导作用与学生主动性相结合。

教师的教和学生的学共同制约着教学过程，只有两者和谐一致、相互促进时，才能获得最佳的传递效果（我们应要求我们的学生和教职员工一样肩负起社会的责任）。

在大学，教师教的成分逐渐减少，学生的自学成分随着年级的升高而递增。作为信息受体的学生，由于自主性增强，他们对教师提供的各种信息不再是全盘接受，而是按照自己的某种标准进行选择，或接受，或忽视，或排斥。因此，要使教学卓有成效，教师就必须拥有非凡的能力，以引领学生自己对有无道理加以区分，并能够充满远见地给出行事的缘由，凭自己的力量得到可资利用的智力资源，发展其自身的独立性。因为真正称得上高等教育的东西是学生理解所学、所做，使之概念化，在不同情况下掌握，并对其有采取审视态度的能力。较强意义上的学习也意味着学生最终能够自己对学习作出评价，并对其正确性形成自己的看法。也就是说，学生不仅是学习者，而且还是研究者和探索者。即需要在大学这个思维聚散碰撞的地方和创新知识的发源地，营造浓厚的学术氛围，培养师生间砥砺德行、互相切磋的融洽之情（大学师生交往有学术性，同时师生关系也体现了高等教育过程中人与人关系中最基本最重要的方面），发掘学生的自我潜能。

（4）面向全体与因材施教相结合。

每个学生的基本情况不同，发展需要和发展可能也不同，这就要求教师在面向全体授课时，兼顾个体。一般来说，大学应降低必修课比例、加大选修课比例，任意选修课的学分比例一般要占 30%~40%，甚至达 50%。而且提倡课程的小班化教学，通常一个教学班不宜超过 30 人。

（5）理论与实践相结合。

实践活动和认识活动的区分标准是活动主体有没有引起客体的变化。在大学教学中，实践教学占有十分重要的位置，因为实践可以使学生更好地掌握理论知识。实际上，在不同的职业领域，从业者几乎很少依据明确的专业理论或者指导法则来行动，更多依据植根于其专业行为当中的隐性原则和知识去行事。而这些隐性内容一般是靠实践获得的。当然并不是所有实践活动都可以作为大学教学的内容，而是只有当一种实践能够接受检验、评估及必要的否定，才能为高等教育所接受。

2. 大学教学模式

在大学里，教学活动不仅包括传统的课堂教学，而且更强调通过科学实验（大学强调真实情境的实践体验，因此科学实验也是大学教学中十分重要的内容。实验教学中要以实验能力为主线，不要有问必答，应着重培养实验者的良好素质，包括持久的耐力、自我审视的精神及思维与观察的敏锐等）、社会调查、实习实训、毕业论文（设计）（毕业论文是研究性实践活动，而且毕业论文的有些问题虽然在专业范围内，但并非教师所熟悉的，师生可共同研究）、社团活动、班级和校园科技文化、社会实践（社会实践活动的组织形式有集体形式、小组形式、个体形式三种）与社区服务（如利用课余时间，摆个小摊，竖面小旗，拉条横幅，就能给周边社区带去实用科技知识）等多样化的教学活动，通过辐射、指导和引领学生对实际问题的思考、对所学理论知识的具体运用和实践，培养学生的实践能力、创新能力和良好的社会品质（服务社会的意识、社会责任感及社会交往能力等）。

另外，对于由教师、学生、教学内容、教学媒介方法手段等构成的课堂教学，这里强调几点。

第一，大学生在身体和智力上已近成熟，独立意识在增强，在知识活动中希望进行平等交流，且具备了相当的知识基础和较强的自学能力，加之大学课程内容的学术性、深刻性和复杂性，这就要求大学课堂教学的方式方法应灵活多样，多设计师生、生生互动交流的环节，多设计实践性、探究性作业，减少课堂讲授时数。教师要把注意力放在如何教学生自己读书，而不是"为他们读"。要把指导主要放在研究方法上，而不是过多地为学生解决具体问题上。也就是说，在教师引导下如何让学生自主地获取知识是当代教学方法设计、课程设计的核心（课程考核范围应既包括教师课堂教授过的和实训操作过的内容，也应包括教师课堂没讲、但要求学生自学的内容）。

教师要始终留心学生的思考状态，激发学生的问题意识，激励学生进行自主思考、合作探究、反思实践和亲身体验。教师的创造性也要求他们直接与学生在课堂上交流，或者是进行个人间的讨论（虽说论文式测验和客观式测验各有作用，但教师的观察和与学生的交谈才是最直接的评价）。这样的教学往往产生深远的影响（在任何课堂教学中，教师与学生的充分交流与亲切互动都是提高教学质量的最重要的因素之一）。如果教师讲解的时间多，学生主动练习的时间少，久而久之，学生就失去了学习的主动性、积极性、创造性。当然也不是说讲授法不能用，而是应该综合考虑各种方式、方法。一般来说，常用的教学方法有讲授法、讨论法、问题教学法、练习法、读书指导法等。而新模式有案例教学（以一定的媒介为载体，内含教育教学问题的实际情境，案例占中心位置）、双语教学、网络教学（以网络作为教室，打破了传统教学在时间和空间的局限，当授课涉及不同观点的论争时，可采用该教学模式）、研究性教学（教师创设一种类似于研究的情景）等。

第二，大学课堂教学应突出问题性、学术性、开放性和丰富性。我们知道，知识的本质意义不在于它的确定性，而在于它的不确定性和运动性，它仅是阶段性认识。况且在信息爆炸和知识爆炸的今天，随着信息技术的发展，课堂、教科书、教师再也担当不了知识库的角色。就人才成长来说，相比于大学生的情感与态度的发展、创造力的发展和全面素养的培养，知识的重要性大大减弱，知识的学习与掌握必须让位于方法的学习与掌握，学习能力不再只指获得知识的能力，还指获得方法的能力。事实上，当前课程标准中也普遍出现了知识、能力、情感三维目标的要求。所以，大学课程内容体系应是动态的、发展的、开放的。但怎样实现这些目标，怎样做到教学内容的不断调整、改进、更新和综合化，确实应是当前教学领域值得研究的课题。

随着现代科技的迅速发展，高校课程内容急剧增加，在授课时数增加有限的情况下，要把大量的新内容全部教给学生，在给定的时间内把有关学科最基本的理论、方法与技能传授给学生，让学生真正学到手，就必须进行研究和试验。通过研究试验，我们应该达到这样的目标：学生开始时立足于稳定合理的概念和思想，秉持着相当明确的知识态度，理解抽象的概念和理论（自然科学强调严格的具有形式逻辑推论关系的理论体系）；但到临近功课结束时，学生应能以审视性的眼光，更宽广的视野，在更广泛的背景下看待自身学习，观察自己修读的核心课程，了解课程发展及其与其他课程的关系，领悟其对世界的应有意义，达成更多的认知目标。要做到这些，必须开放课程，加强教学环境等的信息化条件建设，使之容纳各种交叉学科成分；必须注意采取哲学与社会学的视角，采取包括教师指导、自我指导性学习和团队作业在内的开放式学习；必须为学生提供智力自由发展的空间，并不时地审查课程，有必要的话甚至删去所谓的必要内容；必须根据大学生自主学习的可能性与必要性，使教材设计和编排有助于大学生的自学，同时加强高等教育自学参考材料的辅助建设，加强优质教育资源共享。在条件许可的情况下，可吸纳某些学生参与某些学科教材、参考材料的编写过程（教学资源建设的一大主体就是学生自己），这也可以起到锻炼学生个人判断力，使学生进一步明晰产生逻辑与表述逻辑之关系的作用。

第三，提倡课程的综合化和小型化。众所周知，现代科技与生产的发展，是以综合化为基本特征的，反映到高等教育中就是课程的综合化。所谓课程的综合化，就是使基础教育和专业教育、专业教育与素质教育、厚基础与宽口径、应用研究和开发研究等相互渗透、交叉进行，要求在课程革新上，打破原有的课程界限及框架，实行跨学科的综合研究，创设新型的综合课程。目的在于培养学生适应社会发展的需要和解决复杂课题的技能，增强专门人才在生产、科技等部门独立工作的能力。

当今，高等教育课程的综合化已为许多国家所重视，已是当前高等教育向现代化方向发展的基本方针之一。至于课程的小型化，则要求教师积极开发 30 学时以下的微型课，及时将学科发展前沿的信息，以及教师自己从事科研的成果（只有不断地进行科研和教研，才能支撑课程的可持续发展）转变为教学内容。在选择教学内容时，要难易适当，给学生更多的思考空间来启发学生自己发现、解决问题，并把学科科学方法论作为教材的基本部分，介绍当今本学科研究的现状和方向，本学科研究的基本方法，科学结论的逻辑步骤及所用方法的参考资料和科研成果。

第四，根据笔者的从教经历，在课堂上，决定教学效果的主要因素包括：一是教师的学科学术水平；二是师生之间融洽的情感关系。因为促进学生学习的关键在于教师与学生之间特定的心理气氛：真实、真诚、尊重、关注、接纳、理解。学生的学习过程如果失去情感色彩与生命体验，则会成为空虚、无意义的学习。

第五，作为大学的学术中心、学科建设中心和教学改革中心的教研室，在大学教学质量管理的基础环节，具有十分重要的基础作用。教研室在进行教学质量管理时，要清楚以下几点：一是教学质量是由教学输入质量、教学过程质量、教学输出质量构成的，大学教学质量监控的主体应既是教师，也是学生；既包括学校的所有教职员工，也包括学生家长和社区公众代表。那种认为大学教学质量的高低完全取决于教师、完全是各科教师的责任以及教学评价的重点就是对教师的教学效果进行价值判断的观点，是非常片面的。二是评价须以同学科教师间的互评为主，适当参考学生的意见和领导的意见。三是教学活动过程中，处处、时时、事事都充满着偶然性，教学质量管理应动态化。四是教学质量管理应从大学人才素质结构系统上考虑和决策，而不是孤立地只抓某学科某环节或某阶段的教学质量。五是每所学校最终都要形成自己独特的教学质量观。

第二节　物理教育

本节从介绍物理学开始，概述高等院校中的物理教育[6-14]。

一、物理学概述

物理学作为一门学科，曾经是，现在是，将来也依然是支撑其他科学技术与学科发展的基础科学。物理原意是指自然，泛指一般的自然科学。在古希腊，物理学就是"自然哲学"，而且出现过像泰勒斯、阿基米德等一批著名的自然哲学家、科学家，"物理学"的名称就来自亚里士多德的《物理学》一书。后来，牛顿的经典物理学奠基之作，就叫做《自然哲学之数学原理》（1687 年）。此书的出版，开辟了物理学的新纪元。

现在看来，物理学通过经历古代物理学时期（公元前 8~公元15 世纪）、经典物理学时期（16~19 世纪）和现代物理学时期（19世纪末至今），经历了五次理论的大综合（牛顿力学的建立、能量守恒定律的建立、电磁理论的建立、相对论的建立、量子理论的建立），引发了蒸汽技术时代、电气技术时代、信息技术时代，已成为关于自然界物质结构与基本运动规律的科学，成为研究物质世界最基本的结构、最普遍的相互作用、最一般的运动规律及所使用的实验手段和思维方法的自然科学（按研究对象划分，已包含力学、热学、声学、光学、电磁学、量子物理学、凝聚态物理学等分支学科），成为研究宇宙的基本组成要素（物质、能量、空间、时间及它们的相互作用的领域）的高度定量、理论和实验高度结合的一门精确科学（物理量的定义和测量的假设选择、理论的数学展开、理论与实验的比较是否与实验定律一致是物理学理论的目标），成为概括规律性的总结和概括经验科学性的理论认识。其理论和实验以它的严密性、精确性和可靠性揭示了自然界的奥秘，反映了物质运动的客观规律。同时也早已被人们公认为是一门重要的科学，是自然科学的基础，是现代许多分支学科、新兴学科、交叉学科及一切高新科技产生、成长和发展的先导、基础和动力，是它们的发轫之源，是人类认识世界的基础，是走进现代文明的向导，是人类认识和改造世界的原动力，是人类智能的结晶、文明的瑰宝，是人类文明中不可替代的基石，是人类新时代的重要文化背景之一。

　　当然，物理学被人们公认为是一门重要的科学，不仅在于它对客观世界的规律做出了深刻的揭示，而且还在于它在发展、成长过程中，形成了一整套独特而卓有成效的思想方法体系，一整套最基本、最典型的科学研究方法。譬如，伽利略发明了实验方法，使被观察的客体处于某种受控状态，因而进行测量有了可能。同时他运用理想化方法为数学进入物理学创造了条件。牛顿继续伽利略的工作，并运用万有引力思想等建立了规模宏大的物理学体系。而爱因斯坦则根据与物质、能量、空间、时间等相关的深层次物理思想提出了广义相对性原理，得到了引力场方程（方程的辐射解是时空自身的波动——引力波，平面波解——引力子）。广义相对论指出，空间和时间不能离开物质而独立存在，时空结构的性质取决于物质的分布等。

　　另外，物理学还有这样的方法和科学态度：提出命题→理论解释→理论预言→实验验证→修改理论。具体来说，就是先从新的观测事实或实验事实中（近代人们通过发明创造供观察测量用的科学仪器来认识物质世界）、已有原理中提炼、推演出物理命题，再尝试用已知理论对命题作解释、严密的逻辑推理和数学演算（物理理论通常是以数学的形式表达出来）。如现有理论不能完美解释，需修改原有模型或大胆地进行想象和创造，提出全新的理论模型。

　　新理论模型必须提出预言，预言指导科学实践，因为正确的物理理论，不仅能解释当时已发现的物理现象，更能预测当时无法探测到的物理现象。例如，麦克斯韦电磁理论预测电磁波存在，卢瑟福预言中子存在，菲涅尔的衍射理论预言圆盘衍射中央有泊松亮斑，狄拉克预言电子存在等。

最后，预言必须能够为实验所证实，为实践所检验，人们也能通过这样的结合解决问题。因为一切物理理论最终都要以观测或实验事实为准则，只有经过大量严格的实验验证的物理学规律才能被称为物理定律，当一个理论与实验事实不符时，它就面临着被修改或被推翻。事实上，很多学者都认为物理学就是物理学家们穷天究地、探微入细、充满艰辛地不断探索、不断创新的过程；就是物理学家们运用数理逻辑方法，从实验的检验中，整理出定性到定量的结论，探究出精密、严谨、科学、系统的理论的过程；就是用不断更新的描述反映客观规律、不断接近真理的过程。由此可见，旧理论被修改推翻是很正常的。

这些物理思想与方法不仅展现了物理学本身自有的价值，而且对整个自然科学、技术科学、工程科学乃至社会科学（如熵的概念经改造已成为信息论的基本概念）的发展都有着重要的贡献。有学者统计，物理学是包含科学方法最多的学科，在 300 种通用的科学方法中，物理学就包含 170 多种。而且自 20 世纪中叶以来，在诺贝尔化学奖、生理学或医学奖，甚至经济学奖的获奖者中，有一半以上的人具有物理学的背景。这意味着他们从物理学中汲取了智慧，转而在非物理领域里获得了成功。这些事实表明，在物理学的基础性研究过程中，形成和发展出来的基本概念、基本理论、基本原理和观点、基本实施手段和精密的测试方法以及研究方法已成为其他许多学科的重要组成部分，甚至在人文社科等研究领域中有广泛的应用，并产生了良好的效果。

综上所述，随着 20 世纪初量子理论和爱因斯坦相对论的建立，物理学就进入了当代发展与应用的快车道，并从根本上改变了人类理解自然的思维方式，也从根本上改变了人类的生活方式。也就是说，物理学对人类的进步起了关键性的作用（探索自然、驱动技术、改善生活、培养人才）。展望未来，物理学在相对论与量子力学的结合领域——基本粒子物理学、材料物理、光学等方面的发展会异常迅速，物理学及人类文明会有突飞猛进的大发展。当然，物理学的未来也具有强烈的挑战性，比如还存在物理学十大难题（如为什么宇宙表现为一个时间维数和三个空间维数）等。同时物理学也可能将面临这样的变革：物理学的基本理论将在微观真空和宇宙背景新性质发现的基础上，建立起相对论和量子论，形成第三种基本理论，以实现物理学基本理论的完备性，从而统一地描述物质的基本结构和基本相互作用，解释质量和引力的起源以及相互作用的本质；物理学还将建立起完善的宇宙学，从微观、宏观和宇观三个方面解释宇宙的起源、天体结构的形成、宇宙的演化等。

二、物理教育的意义

物理学是最适合普及科学素养的学科，所以加强物理教育，是全面提高学生科学素质的最为有效的途径。而且它在全面培养学生的科学观念、探索精神和创新精神、科学思维能力和智力、科学方法、科学精神和科学作风，健全人的心智等方面有独特优势，因此应该在教育中扮演最主要的角色。

具体来讲，首先，物理学作为人类认识和改造世界的原动力，其部分观点和理论已成为人类生产生活中必不可少的内容。同时物理学知识内禀的真理性及其反映的自然界的运动变化与发展的客观性（符合科学规律）、有序性和可理解性，对人的成长、社会的发展有巨大作用。它能给我们带来源自于物质世界本质的启示，蕴涵着丰富的教育价值。

其次，在物理学的建立和发展中，形成的一套多种多样的、最全面有效的探究自然的科学研究方法，以及在其一系列方法之上形成的物理思想，是人类最高智慧的结晶（费曼曾说："我最想做的是给出对于这个奇妙世界的一些欣赏，以及物理学家看待这个世界的方式"）。例如，演绎归纳、分析综合、科学抽象、类比联想、猜测试探以及模型化方法、半定量方法、统计方法、实验方法等。这些方法在科学研究中具有典型性和代表性。因此，通过物理学的学习能使学生受到全面的科学方法的训练。很多事实表明，许多科学研究，甚至包括社会科学的研究，不仅借助了物理学的知识，还借助了物理学的研究方法。因此通过物理教育能使学生掌握这些科学方法，提高学生发现问题、提出问题的能力，并能使学生对所涉及的问题有一定深度的理解，进而判断研究结果的合理性。其意义远比学生学习一些具体知识重要得多。

最后，物理学不但可以作为一门学科推动社会前进，更可以作为一种人文的大科学引领人们素质的提高。比如，大量的物理学家不满足于已有的物理理论，为物理学的不断进步进行人类理智的伟大探险、艰苦探索、大胆创新的事例，能大大激发学生创造的欲望和百折不挠的科学精神。物理学家身上表现出的求新、求美、求真、良好的科学气质，能使学生受到渗透在其中的科学精神的熏陶，还能使学生养成尊重事实、严谨求实、一丝不苟的科学作风。这是物理学，或者说物理学文化对于人文精神的贡献。

三、高等院校中的物理教育

高等院校作为物理文化传播的主要渠道，在物理教育中占有重要位置。其中，除物理学专业教育外，"大学物理"理论及实验课程是高等院校大学生学习物理学的主要方式，是理工科各专业一门重要的学科基础课。也就是说，大学基础物理课程担负着为培养具有良好的科学素质、深厚的科学知识、独立的创新能力的高水平人才服务的根本任务（科学素质和科学知识是创新能力形成的基础），承载着大学生科学素质教育、科学视野拓宽、科学素质陶冶的重要使命。事实上，无论是自然科学还是社会科学方面的工作者，都应该具有基本的科学素养，这也是大学物理课程教学之责任。如果考虑到这一点，如文科物理、能演示物理现象的物理科学馆、物理宣传橱窗、科技活动及相关选修课等也应包含在高等院校物理教育之内。

那么，高等院校中的物理教育有什么功能呢？这里谈两点。

第一，作为高等院校中的物理教育的重要组成部分的"大学物理"课程，是理工科各专业的学科基础课。它不仅包含学生后续课程必需的、为其他学科专业的学习奠定扎实的、必要的知识基础的物理知识（专业知识很多是以物理学为基础的，这已成为科学技术界绝大多数人的共识），而且还渗透着许多实用的科学研究方法，如观察与实验、科学抽象、假说、类比、分析、综合、归纳、演绎、理想模型（理想实验）、数学方法等。各学科运用这些普遍适用的科学研究方法解决实际问题时，会收到事半功倍的效果。这对于培养和提高学生的科学素质、科学思维方式和能力、科学实验能力、科学研究能力和创新能力具有十分重要的意义，其教学效果将直接影响学生后续专业课程的学习甚至其今生的发展。因此在学生所应具备的知识体系的建构当中，"大学物理"课无疑处于十分重要的地位。

第二，大学物理基础课程教学及大学物理教育，对于青年学生的全面成长起着极其重要的作用，是确保和提高高等院校人才培养质量的重要环节。因为按照现代教学理论要求，大学物理教学不仅要向学生传授物理知识和相关技能，注重在精心设计的教学过程中培养学生的学习兴趣、让学生能体验科学研究的基本方法，还要关注学生心灵的发展和综合素质的提高，为更多学生的全面发展服务。即学好物理不仅有助于学生理解自然、提高科学认知与思维能力，还有助于学生提升科学品味与文化品位，有助于学生沉思、领悟自然与生命历程，获得心灵的宁静。换句话说，每个学生都需要一门与文化和社会相联系的物理学或天文学课程。当然要做到这些，首先应当重视物理学家的工作成果在社会上、技术上的应用；重视物理学的哲学和物理学史；重视蕴含于文化之中的物理学方法；重视物理学家专业群体的特点。这就要求物理教育工作者不仅要从知识教育的角度思考物理教育问题，而且要从社会、哲学、历史和物理学家群体的特点等更广泛的视角思考物理学的教学内容、内容组织和教学方法，把物理学从单纯的知识教育提高到文化的层面去教育，使物理学作为人类的优秀文化让绝大多数学生接受，使学生从中感悟科学家博大、精深的科学智慧和精神气质，提高学生的科学素养。

以上谈了大学物理教育的功能，然而，在实践中，绝大多数大学生认为大学物理难学，对大学物理学习有"畏惧"情绪，觉得自己肯定不能学好，从而产生不自信的心理。那么，怎样才能解决这样的问题呢？

首先，应激发大学生学习大学物理的兴趣，激发学生的内在学习动机。应精心设计教学内容，在重视物理学科知识的严密性与逻辑性的同时，注重从中学物理到大学物理学习的过渡，注重知识的梯度，重视学生对物理概念的深刻理解和掌握，对物理问题的细致全面的分析，加大应用性知识的比例，重视理论与实际成果的联系，增加物理教学内容的时代性和发展性。

其次，应改进教学方法。应在以讲授法为主的基础上，尝试讨论法、基于问题的教学与探究等多种教学方法，活跃课堂气氛，教给学生学习大学物理的方法和策略，使学生主动参与。而且还要关注学生课后的复习与自学，因为课堂教学不可能面面俱到。此外，还要改变单一的学习成绩评价机制，重视过程性评价，如学生学习进步状况、思想发展、论文发表情况及对教学的意见，都可用以评价学生的学习效果。即建立多元、多维评价机制。

再次，可以尝试物理教学的理想模式：创设问题情景（通过实验或现象描述）—分析问题—找出解决问题的出发点（建立概念或提出系统参数）—找出解决问题的可能途径—从最佳途径出发建立数学模型—求解数学模型—讨论命题的物理意义和可能的技术应用。这一过程就是研究复杂问题的全过程，也是解决复杂问题的基本方法。从方法论的角度看，许多重大科学发现与解决一个物理问题完全一样。因此，物理学方法是发明创造的思维武器，也是开发创造性思维的理论指导。

最后，作为大学基础课程的"大学物理"，在注重培养学生科学素质的同时也应该兼顾对学生人文素质的培养。人文素质内涵十分丰富，它包含行为规范和道德情操两个层次，而在大学物理教学中不可能也不必顾及两个层次的各个方面，要依据大学物理教学的内容和特点，因势利导地把对学生人文素质的培养渗透到整个教学中，做到润物无声，取得实效。

第三节　物理课程教学基本要求

如前所述，"大学物理"课程是高等院校中物理教育的最主要组成部分，因此有必要单独介绍。本节简单介绍理工科类大学物理课程教学基本要求[15]，下节简单介绍理工科类大学物理实验课程教学基本要求[15]。

一、课程的地位、作用和任务

物理学是研究物质的基本结构、基本运动形式、相互作用及其转化规律的自然科学。而以物理学基础为内容的大学物理课程，是高等学校理工科各专业学生一门重要的必修基础课。该课程所教授的基本概念、基本理论和基本方法是构成学生科学素养的重要组成部分，是一个科学工作者和工程技术人员所必备的。

大学物理课程在为学生系统地打好必要的物理基础，培养学生树立科学的世界观，增强学生分析问题和解决问题的能力，培养学生的探索精神和创新意识等方面，具有其他课程不能替代的重要作用。

通过大学物理课程的教学，应使学生对物理学的基本概念、基本理论和基本方法有比较系统的认识和正确的理解，为进一步学习打下坚实的基础。在大学物理课程的各个教学环节中，都应在传授知识的同时，注重学生分析问题和解决问题能力的培养，注重学生探索精神和创新意识的培养，努力实现学生知识、能力、素质的协调发展。

二、教学内容基本要求

大学物理课程的教学内容分为 A、B 两类和自选专题类。其中：A 类为基本框架，是核心内容，共 74 条，建议学时数不少于 126 学时，各校可在此基础上根据实际教学情况对 A 类各部分内容的学时分配进行调整；B 类为扩展内容，共 51 条，它们常常是理解现代科学技术进展的基础。

大学物理课程的具体教学内容有：

1. 力学

（1）质点运动的描述、相对运动；

（2）牛顿运动定律及其应用、变力作用下的质点动力学基本问题；

（3）非惯性系和惯性力；

（4）质点与质点系的动量定理和动量守恒定律；

（5）质心、质心运动定理；

（6）变力的功、动能定理、保守力的功、势能、机械能守恒定律；

（7）对称性与守恒定律；

（8）刚体定轴转动定律、转动惯量；

（9）刚体转动中的功和能；

（10）质点、刚体的角动量、角动量守恒定律；

（11）刚体进动；

（12）理想液体的性质、伯努利方程。

2.　振动和波

（1）简谐运动的基本特征和表述、振动的相位、旋转矢量法；

（2）简谐运动的动力学方程；

（3）简谐运动的能量；

（4）阻尼振动、受迫振动和共振；

（5）非线性振动简介；

（6）一维简谐运动的合成、拍现象；

（7）两个相互垂直、频率相同或为整数比的简谐运动合成；

（8）机械波的基本特征、平面简谐波波函数；

（9）波的能量、能流密度；

（10）惠更斯原理、波的衍射；

（11）波的叠加、驻波、相位突变；

（12）机械波的多普勒效应；

（13）声波、超声波和次声波、声强级。

3. 热学

（1）平衡态、状态参量、热力学第零定律；

（2）理想气体物态方程；

（3）准静态过程、热量和内能；

（4）热力学第一定律、典型的热力学过程；

（5）多方过程；

（6）循环过程、卡诺循环、热机效率、制冷系数；

（7）热力学第二定律、熵和熵增加原理、玻耳兹曼熵关系式；

（8）范德瓦耳斯方程；

（9）统计规律、理想气体的压强和温度；

（10）理想气体的内能、能量按自由度均分定理；

（11）麦克斯韦速率分布律、三种统计速率；

（12）玻耳兹曼分布；

（13）气体分子的平均碰撞频率和平均自由程；

（14）输运现象。

4. 电磁学

（1）库仑定律、电场强度、电场强度叠加原理及其应用；

（2）静电场的高斯定理；

（3）电势、电势叠加原理；

（4）电场强度和电势的关系、静电场的环路定理；

（5）导体的静电平衡；

（6）电介质的极化及其描述；

（7）有电介质存在时的电场；

（8）电容；

（9）磁感应强度：毕奥-萨伐尔定律、磁感应强度叠加原理；

（10）恒定磁场的高斯定理和安培环路定理；

（11）安培定律；

（12）洛伦兹力；

（13）物质的磁性、顺磁质、抗磁质、铁磁质；

（14）有磁介质存在时的磁场；

（15）恒定电流、电流密度和电动势；

（16）法拉第电磁感应定律；

（17）动生电动势和感生电动势、涡旋电场；

（18）自感和互感；

（19）电场和磁场的能量；

（20）位移电流、全电流安培环路定理；

（21）麦克斯韦方程组的积分形式；

（22）电磁波的产生及基本性质；

（23）麦克斯韦方程组的微分形式；

（24）边界条件；

（25）超导体的电磁性质；

（26）直流电：闭合电路和一段含源电路的欧姆定律、基尔霍夫定律、电流的功和功率；

（27）交流电：简单交流电路的矢量图解法和复数解法、交流电的功率、三相交流电；

（28）暂态过程、谐振电路。

5. 光学

（1）几何光学基本定律；

（2）光在平面上的反射和折射；

（3）光在球面上的反射和折射；

（4）薄透镜；

（5）显微镜、望远镜、照相机；

（6）光源、光的相干性；

（7）光程、光程差；

（8）分波阵面干涉；

（9）分振幅干涉；

（10）迈克尔逊干涉仪；

（11）光的空间相干性和时间相干性；

（12）惠更斯-菲涅耳原理；

（13）夫琅禾费单缝衍射；

（14）光栅衍射；

（15）光学仪器的分辨本领；

（16）晶体的 X 射线衍射；

（17）全息照相；

（18）光的偏振性、马吕斯定律；

（19）布儒斯特定律；

（20）光的双折射现象；

（21）偏振光干涉和人工双折射；

（22）旋光现象；

（23）光与物质的相互作用：吸收、散射和色散。

6. 狭义相对论力学基础

（1）迈克尔逊-莫雷实验；

（2）狭义相对论的两个基本假设；

（3）洛伦兹坐标变换和速度变换；

（4）同时性的相对性、长度收缩和时间延缓；

（5）相对论动力学基础；

（6）能量和动量的关系；

（7）电磁场的相对性。

7. 量子物理基础

（1）黑体辐射、光电效应、康普顿散射；

（2）戴维孙-革末实验、德布罗意的物质波假设；

（3）玻尔的氢原子模型；

（4）弗兰克-赫兹实验、原子里德伯态、对应原理；

（5）波函数及其概率解释；

（6）不确定关系；

（7）薛定谔方程；

（8）一维无限深势阱；

（9）一维谐振子；

（10）一维势垒、隧道效应、电子扫描隧道显微镜；

（11）氢原子的能量和角动量量子化；

（12）电子自旋：施特恩-格拉赫实验；

（13）泡利原理、原子的壳层结构、元素周期表；

（14）碱金属原子、交换对称性、激光、激光冷却与原子囚禁。

8. 分子与固体

（1）化学键：离子键、共价键；

（2）分子的振动与转动；

（3）自由电子的能量分布与金属导电的量子解释；

（4）能带、导体和绝缘体；

（5）半导体、PN 结、半导体器件。

9. 核物理与粒子物理

（1）原子核的一般性质；

（2）放射性衰变、辐射剂量；

（3）原子核的裂变与聚变；

（4）粒子及其分类；

（5）守恒定律；

（6）基本相互作用与标准模型。

10. 天体物理与宇宙学

（1）恒星的演化：白矮星、中子星和黑洞；

（2）广义相对论基础：等效原理、弯曲时空、引力红移和引力辐射；

（3）宇宙学：宇宙膨胀、宇宙背景辐射等。

11. 现代科学与高新技术的物理基础专题（自选专题）

三、能力培养基本要求

通过大学物理课程教学，应注意培养学生以下几个方面的能力：

（1）独立获取知识的能力——逐步掌握科学的学习方法，阅读并理解相当于大学物理水平的物理类教材、参考书和科技文献，不断地扩展知识面，增强独立思考的能力，更新知识结构；能够写出条理清晰的读书笔记、小结或小论文。

（2）科学观察和思维的能力——运用物理学的基本理论和基本观点，通过观察、分析、演绎、归纳、科学抽象、类比联想等方法培养学生发现问题和提出问题的能力，并对所涉及问题有一定深度的理解，判断研究结果的合理性。

（3）分析问题和解决问题的能力——根据物理问题的特征、性质以及实际情况，抓住主要矛盾，进行合理的简化，建立相应的物理模型，并用物理语言和基本数学方法进行描述，运用所学的物理理论和研究方法进行分析、研究。

四、素质培养基本要求

通过大学物理课程教学，应注重培养学生以下几方面的素质：

（1）求实精神——通过大学物理课程教学，培养学生追求真理的勇气、严谨求实的科学态度和刻苦钻研的作风。

（2）创新意识——通过学习物理学的研究方法、物理学的发展历史以及物理学家的成长经历等，引导学生树立科学的世界观，激发学生的求知热情、探索精神、创新欲望，以及敢于向旧观念挑战的精神。

（3）科学美感——引导学生认识物理学所具有的明快简洁、均衡对称、奇异相对、和谐统一等美学特征，培养学生的科学审美观，使学生学会用美学的观点欣赏和发掘科学的内在规律，逐步增强认识和掌握自然科学规律的自主能力。

五、教学过程基本要求

在大学物理课程的教学过程中，应以培养学生的知识、能力、素质协调发展为目标，认真贯彻以学生为主体、教师为主导的教育理念；应遵循学生的认知规律，注重理论联系实际，激发学习兴趣，引导自主学习，鼓励个性发展；要加强教学方法和手段的研究，努力营造一个有利于培养学生科学素养和创新意识的教学环境。如在习题课、讨论课这样能启迪学生思维，培养学生提出、分析、解决问题能力的重要教学环节上，提倡小班教学，并应在教师引导下以讨论、交流为主，学时数应不少于总学时的 10%，争取做到不少于 15%。再比如在进行实物演示实验时，可采用多种形式，如课堂实物演示、开放演示实验室、演示实验走廊等，实物演示实验的数目不应少于 40 个。

第四节 物理实验课程教学基本要求

一、课程的地位、作用和任务

物理实验是科学实验的先驱，体现了大多数科学实验的共性，在实验思想、实验方法以及实验手段等方面是各学科科学实验的基础。因此，物理实验课就是高等学校理工科类专业对学生进行科学实验基本训练的必修基础课程，是大学生接受系统实验方法和实验技能训练的开端。

物理实验课覆盖知识面广，具有丰富的实验思想、方法、手段，同时能提供综合性很强的基本实验技能训练，是培养学生科学实验能力、提高科学素质的重要基础。它在培养学生严谨的治学态度、活跃的创新意识、理论联系实际和适应科技发展的综合应用能力等方面具有其他实践类课程不可替代的作用。

本课程的具体任务是：

（1）培养学生的基本科学实验技能，提高学生的科学实验基本素质，使学生初步掌握实验科学的思想和方法。培养学生的科学思维和创新意识，使学生掌握实验研究的基本方法，提高学生的分析能力和创新能力。

（2）提高学生的科学素养，培养学生理论联系实际和实事求是的科学作风，认真严谨的科学态度，积极主动的探索精神，遵守纪律、团结协作、爱护公共财产的优良品德。

二、教学内容基本要求

大学物理实验应包括普通物理实验（力学、热学、电磁学、光学实验）和近代物理实验，具体教学内容的基本要求如下：

1. 掌握测量误差的基本知识，具有正确处理实验数据的基本能力

（1）掌握测量误差与不确定度的基本概念，逐步学会运用不确定度对直接测量和间接测量的结果进行评估。

（2）掌握处理实验数据的一些常用方法，包括列表法、作图法和最小二乘法等。随着计算机及其应用技术的普及，应掌握用计算机通用软件处理实验数据的基本方法。

2. 掌握基本物理量的测量方法

例如：长度、质量、时间、热量、温度、湿度、压强、压力、电流、电压、电阻、磁感应强度、发光强度、折射率、电子电荷、普朗克常量、里德伯常量等常用物理量及物性参数的测量，注意加强数字化测量技术和计算技术在物理实验教学中的应用。

3. 了解常用的物理实验方法，并逐步学会使用

例如：比较法、转换法、放大法、模拟法、补偿法、平衡法和干

涉、衍射法，以及在近代科学研究和工程技术中广泛应用的其他方法。

4. 掌握实验室常用仪器的性能，并能够正确使用

例如：长度测量仪器、计时仪器、测温仪器、变阻器、电表、交（直）流电桥、通用示波器、低频信号发生器、分光仪、光谱仪、常用电源和光源等常用仪器。

另外，还应逐步引进在当代科学研究与工程技术中广泛应用的现代物理技术，例如，激光技术、传感器技术、微弱信号检测技术、光电子技术、结构分析波谱技术等。

5. 掌握常用的实验操作技术

例如：零位调整、水平（铅直）调整、光路的共轴调整、消视差调整、逐次逼近调整、根据给定的电路图正确接线、简单的电路故障检查与排除，以及在近代科学研究与工程技术中广泛应用的仪器的正确调节。

6. 适当介绍物理实验史料和物理实验在现代科学技术中的应用知识

三、能力培养基本要求

1. 独立实验的能力

能够通过阅读实验教材、查询有关资料和思考问题，掌握实验原理及方法，做好实验前的准备；正确使用仪器及辅助设备，独立完成实验内容，撰写合格的实验报告；培养学生独立实验的能力，逐步形成自主实验的基本能力。

2. 分析与研究的能力

能够融合实验原理、设计思想、实验方法及相关的理论知识对实验结果进行分析、判断、归纳与综合。掌握通过实验进行物理现象和物理规律研究的基本方法，具有初步的分析与研究的能力。

3. 理论联系实际的能力

能够在实验中发现问题、分析问题并学习解决问题的科学方法，逐步提高学生综合运用所学知识和技能解决实际问题的能力。

4. 创新能力

能够完成符合规范要求的设计性、综合性内容的实验，进行初步的具有研究性或创意性内容的实验，激发学生的学习主动性，逐步培养学生的创新能力。

四、分层次教学基本要求

上述教学要求，应通过开设一定数量的基础性实验、综合性实验、设计性或研究性实验来实现。这三类实验教学层次的学时比例建议大致分别为：60%，30%，10%。

1. 基础性实验

主要学习基本物理量的测量、基本实验仪器的使用、基本实验技能和基本测量方法、误差与不确定度及数据处理的理论与方法等，可涉及力学、热学、电磁学、光学、近代物理等各个领域的内容。此类实验为适应各专业的普及性实验。

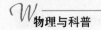
2. 综合性实验

在同一个实验中涉及力学、热学、电磁学、光学、近代物理等多个知识领域，综合应用多种方法和技术的实验。此类实验的目的是巩固学生在基础性实验阶段的学习成果，开阔学生的眼界和思路，提高学生对实验方法和实验技术的综合运用能力。

3. 设计性实验

根据给定的实验题目、要求和实验条件，由学生自己设计方案并基本独立完成全过程的实验。

4. 研究性实验

组织若干个围绕基础物理实验的课题，由学生以个体或团队的形式，以科研方式进行的实验。

其中，设计性或研究性实验是教学理念、教学方法的体现，由单个或系列基础性实验、综合性实验拓展构成。设计性或研究性实验的目的是使学生了解科学实验的全过程，逐步掌握科学思想和科学方法，培养学生独立实验的能力和运用所学知识解决给定问题的能力。

第二章　科普概述

高等院校科普是科普领域中重要的分支，所以，本章先介绍科普学理论概况，再进行高等院校科普概述。

第一节　科普学理论

当今，科学技术飞速发展，知识和信息价值大幅提升，新的科学技术大量涌现，社会、经济不断进步，人们生活质量稳步提高，已然是迄今为止人类文明时期最好的时代。在这样的时代里，全社会越来越关注科学素质水平，越来越关注以提高人们科学素质为目标的科普活动。与此同时，还出现了理论指导实践的好态势，尤其作为科普基本理论的科普学的出现，更是把科普推进到了一个崭新阶段。本节简要介绍科普学的基本理论[6,16-17]。

一、科普学概述

在科学活动向社会延伸的过程中，科学的理论成果向社会生产力和文化潜力转化的过程中，科普作为整个科学活动的重要组成应运而生。亦即科普活动是科学在发展和社会化的进程中必然要发生的社会现象。相应地，科普学就是研究科普过程和活动现象，揭示科普规律的科学。它以各门自然科学和技术科学的普及问题为研究对象（科学的内涵是自然科学技术，它的外延可以包括社会科学，但很多情况下特指自然科学），横跨自然科学和社会科学两大领域（自然科学是与社会科学协同一起产生作用的），被认为是一门由科学学和教育学交叉产生的高度专业的新兴学科、横断学科、独立学科，是一门科学学和教育学的二级学科。当然，除科学学和教育学外，它与传播学、新闻学和心理学等多个学科也都有联系。

实际上，科普内容十分广泛，不仅有学科的基础知识和技能，还有最新科技成就，以及许多还未开发的未知领域。普及方式也丰富多彩，变化无穷（科技信息流场决定了某些选择性通道，使得某些信息只能沿某一个或某几个通道流动）。而且，它还是在一定的科普背景（指某种具体的科普实践活动所处的内、外环境，内环境指科普主体方面所具备的基础和能力，外环境指科普活动本身所处的社会背景）下，学校智育的延伸和有力补充，是"二次教育"，持续终身。同时纵观人类科普发展的历史，可把科普大致分为四个阶段：

（1）古代科普阶段（从原始公社到 16 世纪中叶）；

（2）近代科普阶段（从 16 世纪中叶到 18 世纪末）；

（3）传统科普阶段（从 19 世纪初到 20 世纪中叶，是科普步入繁荣的重要阶段，发展和成果主要体现在广度上）；

（4）现代科普阶段（20 世纪中叶至今，除广度外，更体现在深度上）。

至于科普的概念，根据现有资料，在 1796 年国外就有了"科学普及"的提法，1949 年国内采用了"科普"的概念。当然，科普是一个历史的、发展的、动态的概念，现今还有"公众理解科学"、"科学传播"等不同的提法。现在可把科普定义为："科普是科学技术普及的简称，是指以通俗化、大众化和公众乐于参与的方式，普及科学技术知识、倡导科学方法、传播科学思想、弘扬科学精神、树立科学道德，以提高全民族的科学文化素质和思想道德素质。"

其中，科学知识作为科普的基础，指的是人类在认识和改造世界的实践中所获得的知识体系的总和。它们能正确反映自然、社会、思维的本质和规律，能正确反映客观世界。

科学方法是指科学研究的一般方法，是人们以科学研究过程规范化为任务，为探究事物客观规律性所选择的手段、途径或活动方式。它能有效地促进人们分析问题、解决问题，帮助人们更好地理解信息和了解社会，促进创新，实现目标。

科学思想反映科学家的意识，与现代文化思想关联密切。它一般可分为两个层次：第一个层次是在各种科技理论的基础上，人们进一步提炼出来的关于自然界和人类社会存在与发展最一般规律的合理观念等；第二个层次是在科学研究、技术发明和产业创新活动中人们表现出来的科学意识。当然，科学意识体现出了人们对科学技术历史作用和社会价值的重视与认识程度。

科学精神是崇尚人类理性、尊重客观规律的态度，体现在科学家的良知中，内化在科学方法中，凝聚在科学思想中，渗透在科学活动中，它对科技和社会发展有基础性和根本性的重要影响。它还体现为继承与质疑的态度，即尊重已有知识的同时追求理性质疑，认为科技有永无止境的前沿。

科学道德是指科学的行为意识，它约束着科学家之间、科学共同体内部，以及科学共同体与公众和社会之间的相互关系。科学道德可分为两个层面：第一个层面是科学家的职业道德；第二个层面是介入了科学的其他社会人士、科技工作者等的科学道德意识。

二、科普学三大定律[17]

第一定律：科普是普及科学技术知识、倡导科学方法、传播科学思想、弘扬科学精神、树立科学道德的活动。公式如下：

$$P = K + M_e + T + S + M_o,$$

式中：P 为科普，K 为科学技术知识，M_e 为科学方法，T 为科学思想，S 为科学精神，M_o 为科学道德。这条定律表明科普是由科学技术知识、科学方法、科学思想、科学精神、科学道德这样五个相辅相成、相互联系、相互作用的方面构成的统一整体，是三个层面（知识、思想、文化）构成的立体。其中，科学技术知识是基础，科学方法是钥匙，科学思想是灵魂，科学精神是动力，科学道德是规范和准绳。后四个方面是科学文化的精髓。

第二定律：科普活动是科普工作者（科普作家、科学家、技术专家、参加各项科普活动的人）和受众（农民、城市居民、工人、青少年、领导、军人等）平等、互动、相互交流的双向活动，是使受众能理解、接受并共同参与的活动。公式如下：

$$\frac{W}{N_1} = \frac{A}{N_2},$$

式中：W 为科普工作者，A 为受众，N_1 为参与系数，N_2 为投入系数。此式表明了科普工作者和受众的关系，科普工作者和受众的关系是双向、平等、相辅相成的。受众的参与多少，与科普工作者投入的大小成正比。这是科普的基本要求、规律所在。

第三定律：科普是国家指导、科普工作者积极参与、社会各界积极支持的社会活动。公式如下：

$$P = C\left(\frac{1+M}{2}\right)(W+S),$$

式中：P为科普，C为国家指导，M为市场机制，W为科普工作者，S为社会各界。它表示科普事业的成效取决于两个结合：国家指导和市场机制（社会力量兴办）相结合；科普工作者参与和社会各界支持相结合。它还表明要发展科普事业，必须加强科普队伍建设，改善科技人员和专家的知识结构，以便为公民科学素质建设提供人力保障和智力支持。这指出了科普的支撑所在。也就是说科普工作者是科普的主力军，这个队伍的成长壮大是科普事业发展的关键；社会各界对科普的积极支持，是科普重要的支撑力量。

三大定律揭示了科普的基本规律，构成了科普的基础。

三、科普的功能

1. 教育功能

科普从根本上说是一种教育活动。科普和教育的关系也是基本问题。实际上，教育中主体教育者需应用教具、教学手段对受体受教育者进行教学，且要重视教学方法和懂学生心理；而科普中主体普及者也需要在受体普及对象中应用专门的载体进行活动，且也要采取适当的方式方法，懂得科普受体心理。可以说，教育是人才培养的主篇章，科普则是人才培养的姐妹篇。从此意义上说，科普属于大教育的范畴，也可说成是一种社会科学教育。当然，学校教育也可说是一种特殊形式的科普教育。

事实上，科普教育是一种有目的、有组织、有固定科普对象、有比较系统的科普内容的科普活动。其中，科普教育内容因时、因事、因地、因人而异，一般主要通过编写系统的科普读物、自学读物、举办讲座等方式实现。这样作为学校教育有力的补充、延伸和发展,科普教育具有明显的时效性、阶段性、区域性、层次性、综合性等特点,它和学校的科学教育一样,是科学教育的重要组成,是科学技术传播普及的重要组成,是培养优秀科技人才的重要途径之一。譬如,对于求知欲强、充满活力、积极向上的广大青少年,由于他们处在知识、身体、品德成长时期,所以要根据他们主动接受等特点,依据好奇心、兴趣、自信心、恒心毅力、想象力等因素,给予一切能启发心智、增长才干的科学方法,给予帮助他们理解和温习课堂知识的科普读物,给予补充课堂知识不足的课外活动等。特别是对青年,由于一些新兴学科在学校教育中往往来不及反映,这就需要科普很快随着学科的发展进行宣传教育。

另外,因为当代社会处在一个知识和信息激增的时代,专业分化已非常明显,而且学生经常是在自己专业视野中思考问题,那么,就迫切需要科普教育来打破专业局限,跨越专业界限,以使每个人既具有自己专业的精深学问,又具有其他专业的广博学识。这实际上也是科普教育的一个重要功能。当然科普教育要注意经常启发引导,科普内容应全方位立体化,且要有一定深度。

此外,科普教育还具有很大的教育潜力,它不仅仅只对在校学生施行,对任何有接受科学教育能力的人都可以施行。或者说,现实社会中的每个人都是科普的对象。在施行时,应既要传授科技知识,更要注意启迪普及对象的心智,这样做,效果会更好更持久。因为科普工作不只是让人们懂得各种各样的科技知识,更重要的是让人们更具智慧和才干,促使公众在了解科学的探索过程中理解科学的创新、求真精神,理解科学的思维方式和一般的研究方法,成为喜欢思考、善于思考和具有探索创新精神的人。总之,科普应逐渐成为人们接受终身教育的最好选择。

2. 其他功能

（1）经济功能（科普通过对人们进行科学技术的普及，可促使潜在的生产力转化为直接的生产力）；

（2）科学功能（科学本身具有研究意义、教育意义、科普意义，所以科普与科学技术密不可分，是科学本身发展的需要，是滋养科技人才的雨露）；

（3）社会功能；

（4）文化功能等。

四、科普的模式

1. 交流式科普

在此种科普行为中，两方 A 和 B 利用简单的传播媒介，或者只凭口头语言对某一共同感兴趣的事物 X 进行交流。它可能普及的范围与规模有限，但目的比较明确，形式比较灵活、机动，互动性强，效果显示较快。

2. 多级传递式科普

在此种科普行为中，某些科普受体接收到供体通过载体传播的信息时，这些科普受体又充当了二传手或中转站的角色，向周围的人传播这些信息。二传手是一种枢纽，既是受体又是供体，起着承上启下的作用。因此这种普及效果往往取决于二传手。如果二传手在周围人中的形象是可以信赖的，又具有较强的吸收、选择和处理信息以及消化、示范和再传播的能力，那么科普效果就会好。

3. 系统式科普

科普教育采用的主要形式。即可以利用多种载体，采用讲座、连载等形式，普及较系统的科技知识。这种科普最接近于狭义的教育，因为它目的性较强，对象和方式往往比较确定，普及的内容又具有递进性、动态性，且知识运载量大，效果较明显。

这里值得一提的是，普及受体和普及供体之间，如果能够建立一种友好合作关系，并共同担负任务和解决问题，普及受体的行为就倾向于维护这种关系，科普交往就会促进学习。同样的普及内容、形式，如果普及者是受体所熟知或欣赏的一位学者、专家、科学家，则受体在学习中可能会更勤奋。也就是说，在科普活动中，普及受体有学习科学家的道德风范等的理想热情，就是有利因素。即积极性、主动性是科普实践的最有利条件。

当然，正规化的科普工作，先要有理想的、正确的、规律性的目标或任务，而且为实现这样的目标任务，科普工作一般需要以工程的形式进行。

五、科普的途径和手段

科普是一个巨系统。在此系统中，有科普源系统、科普过程系统、社会公众系统。在这个系统中，科学技术的飞速发展和公众对科学技术的强大需求成为了科普的动力；公众对科技知识的多元化需求，构成了科普丰富的内部结构——内容形式和方式方法。这些方式方法已成为实现科普功能，科普三大定律借以发挥作用的重要条件、平台。如科技教育、科技传播、科普展览以及各种科普活动等。其中，科技教育（学校教育）已成为科技普及的基本途径。科技教育的关键在于面向学校开展科学探究学习。当然，现代科普需要有发达的传媒，大众传播已成为科学普及的重要方式方法（贝尔纳是最早注意到科技传播的科学社会学家之一）。科技传播可定义为"科技知识信息通过跨越时空的扩散而使不同的个体间实现知识共享的过程"，科技传播可分为专业交流、科学技术教育、科技普及和技术传播，科技传播内容又可分为静态信息和动态信息两类。它的模式有：科技线性传播模式、科技控制传播模式（反馈）、科技系统传播模式（互动）、对角传播、聚能传播等。即科技传播是在"多元、平等、开放、互动"的"传播"观念下来理解和对待科学技术的。科技传播可分为一阶科技传播与二阶科技传播：一阶科技传播是指传播科学事实及进展情况、科学技术中的具体知识等；二阶科技传播是指传播与科学技术有关的更高一层的观念性的东西，包括传播科学技术过程、科学技术方法、科技思想、科学精神、科学技术之社会影响等，即科普可以在思想教育中发挥重要作用。

总的来说，科技传播系统与科技、传媒和公众三者的互动相关，是一种科技人员及其研究成果和公众相互作用，并遵守一定社会准则的社会子系统。科技传播系统内各要素紧密结合，相互关联，共同作用，使该系统呈现出整体性和高度有序性。其中，科学家个人的科学研究属于第一层次的科技传播结构，是一种自身科技传播；科学家之间的信息交流属于第二层次的科技传播结构，是人际科技传播；科技共同体之间的信息交流形成第三层次的科技传播结构，属于群体传播；科技共同体中的信息向全社会传播，属于第四层次的科技传播结构。由此可见，科技传播系统显现出明显的社会层次结构特征。不仅如此，科技传播系统还受自然障碍、个人障碍、心理障碍等内部机制、外部环境和条件等的限制和广泛影响。这种具有多重性和联系广泛性的结构，说明科技传播是一个复杂的有机社会动态系统。而且，只有解决共性问题（和大众传媒传播的其他信息一样，科技传播内容在传播中应该具有新闻性和接近性），同时注意个性问题（内容的实用性、趣味性、理念性），才能实施有效科技传播。其中，理念性要求科普不能仅仅以结果、以功用来论，而是应该说明科学是个不断学习的过程，应该传播解决问题的方式和态度及他们追求的精神。

另外，科普展览已是现代科普的重要途径之一。科普展览是利用自然科学类博物馆（能激发人们对科学技术的好奇心和想象力的科技馆、自然博物馆）、科普画廊、科普教育基地、科普大篷车等科普设施，开展互动式、综合性科普实践活动。当然，这些科普设施是开展科普教育的重要保障。

最后，集中开展各种大型科普活动也是吸引公众参与的重要途径。它能有效调动普及受体的内在诱因（科普受体的兴趣可能在于活动的目的和结果，即活动的目的往往比实现活动的方式更具吸引力），扩大科学技术本身和科普工作在社会上的影响。譬如深入到社会生产和生活中，对所存在的各种具体的科学技术问题，施行产前、产中和产后科普服务，包括咨询、论证、指导等科技辅助服务工作。

六、科普创作

科普创作是科普的基础，是科普系统过程中最关键的参变量，是科普系统活动的重要组成部分，具有重要的社会意义、地位和作用。进入现代科普阶段，科普创作的内容和形式都有很大变化和发展，现代科普实际上是"大科普"，内容上既要普及自然科学和社会科学知识，还要弘扬科学精神（弘扬科学精神更带根本性和基础性）、传播科学思想等。也就是说，除了进行一阶科技传播外，还要施行二阶科技传播，要体现出科学性、思想性、通俗性、文艺性，体现出复杂性、针对性、社会广泛性、可接受性；形式上（体裁形式、传播形式、创作的结构技巧形式）除了传统的科普图书、演讲等外，还有计算机多媒体、网络等电子科普手段。其中演讲说服听众需具备三个条件：演讲者自身品质和示范性、使听众形成某种态度、论点本身所给予的证明。而且，演讲应使听众投入感情而产生效果；在演讲中应多次重复相关内容；运用免疫法，如预先听干扰观点等；如受体有客观需要而没有要得到这种知识的主观意识时，应克服阻力，提高听众科学意识。这就对科普创作过程提出了三个层次的相关要求：作者自身素质（科学素养和文学艺术修养等）、载体"桥梁"、社会需求。

　　具体来说，科普创作首先属于科普的范畴，是以科普"作品"的表现形式反映出来的一种类型或范围。它涉及科学技术的过去、现在和将来，也涉及人与自然相互关系的实践与认识历史，反映人类与科学技术交流、传播、普及过程中具有本质联系的各种各样思想及其表现形式。其次，科普创作属于创作范畴。科普作家在感悟时代重要特征后提出创作命题，再用"两种思维"（科学家用概念逻辑思考，艺术家用形象思考）和想象力融合，遵循"创作"的一般规律，把那些难懂的科学技术知识及其思想方法等，变成通俗易懂的科普"作品"。这是主体的精神创新劳动，是一种精神活动的转化过程，具有独创性的特征。当然科普"作品"类型很多，可以根据创作意图和手法来分类，也可以根据作品的体裁形式来分类。再次，科普创作属于教育范畴。科普创作是现代素质教育体系的重要组成，是科普系统活动的关键参数，是实施终身教育过程中的关键过程。最后，科普创作还应是科普范畴、创作范畴、教育范畴的中介范畴，这是特殊的意识文化范畴，是一种关于"人与自然、与社会"相互关系的精神创新平台，是最综合的本质范畴概念。因为科普创作及其作品，从主题、素材、题材、作品，都是反映人与自然相互关系的客观的规律和真理的，具有科学的自然特性。同时，科普创作又带有作者自身的思想和感情，作者的文化"底蕴"，具有社会文化特性（思想性）。如著名科普作家伊林、阿西莫夫等的作品。

另外，还有一种与科普创作关系密切的活动——科普创作评论。科普创作评论是一种科学活动，它的依据是服务于科普、服务于教育目的，对科普创作系统过程实施全面、阶段、对象、内容、结果和目的的分析与评价。科普创作评论可以是对科普作品、对科普作家、对科普创作读者市场、对科普创作评论等的评论。

七、科普系统管理与评估

科普活动属于一项非常复杂的社会系统工程（在系统工程中，明确的目标是重要的标志），具有整体、动态、联系、结构、调控的基本特征，需要实施科普管理（科普的决策计划、组织领导、资源配置、指导沟通、监督控制的过程）、科普项目管理（按照科普自身运行规律和项目管理的要求，对科普工作要素进行合理配置、协调、控制，实现科普工作目标）、科普的保障体系与营运体系管理（科普事业正常发展的必要条件）、科普系统质量管理（科普组织、管理部门、执行机构按程序进行科普系统质量管理）。其中，科普系统质量管理是依据系统持续发展的内在要求，对科普系统过程进行管理的质量评估，对服务于科学教育的科普社会活动的品质、效果、价值进行判断，之后提出修正、纠偏对策，再进行系统反馈、调控。关于这个过程，下面谈几点。

第一，科普系统中有既独立又相互联系的过程系统、结果系统、目标系统（数量和时限是目标体系中的孪生姐妹）和评估系统。其中科普过程系统属于主体系统（对象系统）；结果系统属于客体系统（效果系统。一般地，科普产生效果要经历两个阶段：采用不同方法，如新闻媒介或口头宣传等告知启发的阶段和接受普及阶段）；评估系统属于工具或方法系统；目标系统属于决策系统。那么，科普质量评估实际上是科普系统功能管理的过程，是运用科学的方式方法，对主体系统施行质和量的评估，获得结果后，再以此为根据，服务科普决策和实践。

第二，科普质量评估的类型可以按阶段程序划分：预评估、形成性评估、总结性评估、影响性评估；也可按评估者来源划分：专家评估、自我评估、参与式评估、综合评估；又可按评估对象划分：科普发展规划、计划的评估；科普项目、方案、活动的评估；科普管理组织、执行机构的管理评估；科普受益者科学素养提高的评估等；还可按系统评估方法划分：目标系统评估、评估系统评估、过程系统评估和结果系统评估。

第三，科普质量评估的基本原理有四个：目的性原理、功能效果性原理、效果系统性原理、质量可测定性原理。它的基本原则有六项：对象性原则、时间性原则、度量性原则、系统性原则、实践性原则、比较性原则。

第四，科普要十分有效地、有序地发展和进步，则应有科普质量评估。它的主要步骤是：

（1）确定评估的目的、对象；

（2）评估前期论证；

（3）确定评估重点和关键、技术路线和系统要素；

（4）确定评估方法和指标（科普评估方法很多，有线性、非线性方法；静态、动态方法；文献评估法；抽样评估法；指标与模型方法等）；

（5）背景信息数据的收集与分析处理；

（6）科普质量评估；

（7）科普质量评估反馈。

概括来说，就是通过监测体系的监测，获取科普系统大量信息数据，再运用各种方法进行数据的分析评估，得到质量评估的结果后，依据结果提出科普系统发展的修正意见和对策，再反馈进入科普质量管理系统以达成科普全系统的持续发展。

第五，在系统理论指导下，运用"过程方法"，建立和实施科普质量管理体系，有诸多优点，如能较快地将科普活动纳入系统化的质量管理等。

八、科研和科普的关系

科研与科普是科技工作和科技进步缺一不可的两个"轮子"，是科技活动的两翼。其中，科研是创造知识，科普是转化知识；科研是认识的源泉，科普是认识的涓流；科研是智慧的聚合，科普是智慧的发散；科普中有科研问题，科研需科普补充，如当普及的知识与受众的思维、生活和生产实践密切相关的时候，受众就会对知识有兴趣，就会提新问题，这些新问题就可能成为科研课题。

以上简单介绍了科普学基本理论。实际上，各类学校都应当把科普作为素质教育的重要内容，组织学生开展多种形式的科普活动，让学生在日常生活中受到科学教育。特别是高等院校应当组织和支持教师和科学技术工作者开展科普活动，而教师和科学技术工作者也应当发挥自身优势和专长，积极参与和支持科普活动。针对这种情况，下节专门介绍高等院校科普。

第二节　高等院校科普

如前所述，高等院校科普已是科普的重要分支领域，本节专门进行介绍[6, 16]。

一、高等院校科普的概念

当今，人们受教育程度普遍提高，这意味着，一般常用的科技知识，人们可能已在学校教育的课程中完成，即使没有完成，也可借助日益发达的信息技术自行学习获取。换言之，向受过良好教育的人群（如高等院校中的大学生）进行科普已是大势所趋。

高等院校科普应是在高等院校开展的科学技术普及。众所周知，科学具有科学研究的创新意义、科学知识的教育意义、面向公众的普及意义。这三重意义成为提出高等院校科普的重要依据，而高等院校科普已是科普事业适应现代大学发展，服务大学职能的创新特色。它的理念是以科学研究与品德修养相统一为前提条件，最大限度地普及和拓展科学技术知识、倡导科学方法、传播科学思想、弘扬科学精神、树立科学道德，并且它的性质具有学习科学发现和技术发明的科学性；感悟科学家科学思想和科学精神的艺术性；提高自身科学素质和向公众传播科学成就的普及性。这意味着，它是一个新兴的科学技术普及领域，甚至可以说是脱颖而出的一门新兴学科，一个新兴的学术研究和文化研究领域，既有探索性的理论研究意义，又有指导实践过程的现实意义。实际上，老一辈科学家尤其重视科普，早已倡导在高等院校中开展科普，高等院校科普也早已引起了广泛关注。

二、高等院校科普的意义

普及从某种意义上说是指导提高下的普及。从这个角度来看，科学研究和科学教育便是科普的源头。而现代大学以教育、科研为其主要职能，是培养人才的摇篮，是学术探究的殿堂，大师云集，人才荟萃。因此，高等院校理应是科普的重要基地。况且，由于大学生具有基本的科学文化知识和素质，所以在高等院校开展科普，起点高、见效快。另外，按照科普学理论，科普不但需要采用口头的、文字的方式进行普及，而且有条件的科普组织还要亦科研、亦教育、亦文化形成一个综合性的新型实体，那么，高等院校就是最好的科普新型实体之一。

在这样的实体中开展科普，有以下几方面的意义：

（1）高等院校科普在大科学时代显得尤为重要：20世纪后半叶以来，科学研究的规模扩大，科学研究的合作性增强，人类进入了大科学时代。在此背景下，世界各国的高等院校的性质和功能也发生了重要变化。高等院校不但要从事科学研究、科学技术创造，成为科学技术研究中心，而且还要从事科学技术向现实社会生产力的转化工作，成为高新科学技术成果的辐射中心；不但要承担基本理论、基本技能的基础科学教育、专业科学教育甚至跨学科科学教育的重任，而且还要承担科学知识和技术普及的重任，而科学技术普及应该成为高等院校教育的重要内容（在有条件时，有关大学可开设科普学和科普工程学课程，设立科普专业等）。这是当代高等院校适应大科学时代社会发展，和具有T形知识结构人才终身学习发展的内在要求。

（2）高等院校科普在大科普格局中不可或缺：在全面推进和创新科普事业的大科普格局中，高等院校应该发挥其综合优势，应该整合高等院校科学资源，突出高等院校科普特色，进一步传播前沿的科学技术成果、创作优秀的科普作品、培养大学生科普志愿者。事实上，按照多级传递式科普理论，大学生可以作为二传手或中转站的角色，向周围的人（包括自己的亲人等）双向交流、传播科技信息，而高等院校科普可以促进这项工作，促进大学生加入科普志愿者队伍，增强大学生的社会责任感。

（3）通过普及科技知识，可以调动作为接受高等教育的人才的大学生的学习的积极性，帮助他们学习专业知识，深化他们的科学基础知识，扩大他们的科技知识领域；可以引导他们建立热爱科学、不断学习的良好习惯，建立能最充分显示个性基本需要的、体现个性心理性质重要特征的稳定的兴趣，并从非专业的角度拓展知识面，储备交叉学科知识。

（4）科普不仅仅是普及科学技术专业知识，还包括科学技术史记载的科学人物的思想观念、科学研究的典型事例、科学发现的演变过程，科学技术哲学、科学技术观等知识与观念的普及。通过这样的科普和大学文化素质教育，大学生能够在掌握和提高基础知识和本专业科技知识的同时，在接受专业教育的同时，接受更多科学技术史、科学哲学、科学技术方法论等方面的教育，从而点燃他们的科学激情，激发他们的科学想象力，激励他们更加认真学习基础专业知识，培养他们对未知领域的好奇心和探索能力，提升他们的理论素质、哲学素质、综合科学素质、科学素养和人文素养。

（5）高等院校文化包括科学文化、人文文化和科普文化三个方面。探索适应现代高等院校文化发展的科普文化，强化高等院校科普文化建设，是联系科学文化和人文文化的必然要求。因为在高等院校中，科学文化与人文文化的沟通，必然要经过一个中间的思想交流、知识普及、学术碰撞的过程，而高等院校科普可以依托高等院校这块科普新文化孕育和生长的重要基地，凭借科学文化的探索特色，通向人文文化的深厚底蕴；可以在科学文化与人文文化的延伸、接触、碰撞、结合中，促进学科交叉，加强学术交流，引导科技创新，得到现代社会文化的精髓，提高广大师生的科学文化素养。这也可以看出，处于科学文化与人文文化交汇处的高等院校科普，应有新的研究内容，应建立一个能体现大学校园文化精髓的独立和完善的科普创新体系，高等院校应成为科普创新的源头。

三、高等院校科普的模式

高等院校科普内容的涉及面十分广泛丰富，可以说从微观到宏观、从无机到有机，几乎包括人类与自然界接触的每一个领域，包括科学技术理论和实践的方方面面。根据这些内容，高等院校科普的基本模式有：竞赛活动、创新性项目、学生科技社团、科学文化素质教育等。其中，科学文化素质教育，通过引导学生大胆走进交叉学科前沿，尝试寻找前沿科学探索的兴趣，感悟科学与艺术的魅力等，实现科学文化与人文文化融合的教育，培养具有全面科学素质的高校大学生。

总之，大学生群体作为一个特殊的社会群体，一个最具有可塑性的群体，正处在创造性思维形成的重要阶段。所以高等院校科普有潜在的聚变能力。聚变能力就是要让大学生在高等院校科普教育熏陶下，储备博大精深的科学知识和科学方法，练就淳朴敦厚的科学品格和科学智慧，以便在他们走向社会时，如走上教师岗位等，对他人产生重要的影响。这其实也就是高等院校科普潜在的辐射能力。所以，今后应充分发挥高等院校科普的潜在能力，进一步推动社区科普、青少年科普等科普事业的持续发展。

高等院校科普工作任重道远。

第三章 物理教育与科普的关系

本章将从高等院校物理教育的科普属性和科普在高等院校物理教育中的作用两个方面介绍物理教育与科普的关系[6, 16]。

第一节 物理教育的科普属性

作为一切技术的基础，文化思想的基础，基础科学应是教育的重要内容，同时也应是科普的重要内容。基础科学的科普，与教育的关系最为密切，当然对于提高人的科学文化素质等也至关重要。而物理学作为支撑其他科学技术学科发展的基础科学，无疑应是科普的重要内容。特别是，作为物理文化传播主要渠道的高等院校物理教育，应在高等院校科普中发挥重要作用。

具体讲，首先，科普作为持续终身的"二次教育"，普及内容极其广泛，包括学科基础知识和技能、最新科技成就，以及许多有待开发的未知领域。而物理学作为人类生产生活中必不可少的内容，作为现代许多新兴、交叉学科及高新科技产生、成长和发展的先导、基础和动力，作为它们的发轫之源，在这样的普及中会起到关键作用。

其次，20 世纪中叶以来的现代科普除广度外，更体现在深度上。而物理学作为研究物质世界最基本的结构、最普遍的相互作用、最一般的运动规律的自然科学，经历了五次理论的大综合（牛顿力学的建立、能量守恒定律的建立、电磁理论的建立、相对论的建立、量子理论的建立），早已是高度定量、理论和实验高度结合的一门精确科学，一门最具深度的学科。也就是说，物理学在现代科普中占有最重要的位置。

再次，科普既要普及科学技术知识，还要倡导科学方法、传播科学思想、弘扬科学精神、树立科学道德。而物理学中那套独特而卓有成效的思想方法体系作为最基本、最典型的科学研究思想方法，不仅展现了物理学本身的自有价值，而且对整个自然科学、技术科学、工程科学乃至社会科学有重要贡献（物理学方法论的意义在牛顿力学的公理方法和逻辑体系中体现得淋漓尽致：牛顿力学的逻辑体系作为科学思想史上的一场深刻变革，无疑深刻影响着科学与哲学的发展。爱因斯坦曾说过，牛顿第一个成功地把微积分作为数学工具，建立了物理因果性的完整的逻辑体系，并从少数几条公理出发，"能用数学的思维，逻辑地、定量地演绎出范围很广的现象，并且能同经验相符合"，因此，与欧几里得几何学的逻辑体系一样，牛顿力学的逻辑体系同样决定着人们的思想、研究和实践的方向），所以，物理学的科普价值是不可估量的。况且，物理学家博大精深、理性质疑、探索创新的科学智慧和精神气质，也对提高人们的科学文化素质和思想道德素质起到至关重要的作用。实际上，当代科普发展的一大特点就是把科学史记载的科学人物的思想观念、科学研究的典型事例、科学发现的演变过程融入到科普之中。

最后，高等院校科普是向受过良好教育的群体进行的，所以，物理学，或者说高等院校物理教育在此过程中能被受众理解、接受、互动、参与。而且，高等院校中的教师和物理工作者都有自身的优势和专长，再加上学校条件和相应的社会资源，完全可以保证高等院校物理普及、高等院校物理科普创作、高等院校物理科普文化建设的顺利进行。事实上，大学生在通过物理课程教育、物理科学馆、物理宣传橱窗及展览、物理科技活动及相关选修课等现代科学技术普及的主要途径和手段，接受了良好的高等院校物理教育和普及后，科学好奇心、想象力和科学热情会被激发，科学能力会增强，科学文化素养会提高，从而能够更好地担当科普二传手，向周围的人传播科技信息、方法等。

第二节　科普在物理教育中的作用

科普在本质属性上是一种教育活动，下面谈谈科普在大学物理教育中的作用。

（1）科普，尤其是高等院校科普，因时、因事、因地、因人而异，内容几乎涉及科学技术理论和实践的所有方面，人类与自然界接触的每个领域。形式上除课程外，还可通过自学读物、竞赛活动、创新性项目、讲座、科普读物、学生科技社团、宣传、展览、科技活动等实现。也正是由于这样的多样性和灵活性，才使得大学生能够大胆走进交叉学科前沿，感悟科学与艺术的魅力，提升科学兴趣、想象力、自信心，深化专业基础知识，拓宽知识领域。这与高等院校物理教育担负着的帮助学生理解自然，培养具有宽厚的科学知识、良好的科学实验、认知、思维能力与科学素质、独立的创新能力的高水平人才的根本任务是契合的。

（2）对于一些新兴学科与领域，物理课程教育由于系统性等因素往往还来不及在自己的教育内容中反映，而科普则能很快随着新进展进行宣传教育。这对于高等院校物理教育是十分有利的。

（3）高等院校科普不仅对科学事实、科学进展状况、科学技术中的具体知识进行一阶科技传播，还要进行二阶科技传播，即对与科学技术有关的更高一层的观念性的内容的传播。包括能启发心智、增长才干的科学技术方法、科学技术过程、科技思维、科学精神、科学道德、科学技术于社会影响等的传播。就是说科普在高等院校物理思想观念教育中，学生体验科学研究的基本方法中，学生心灵发展和综合素质的提高中，可以发挥作用。譬如，一位德高业精的专家学者、科学家为大学生作科普讲座，大学生就会有学习科学家的道德风范、科学智慧和精神气质等的理想热情。

（4）当代社会处在一个知识和信息激增的时代，专业分化特征异常明显，即使是高等院校的教师、物理学工作者也不能说对物理学的所有领域都精通。而科普的一个重要功能就是要打破专业局限，跨越专业界限，使每个人既具有自身专业的精深学问，又具有其他专业的广博知识。这无疑对提高高等院校物理教师水平具有重要意义，或者可以说有助于当代高等院校 T 形知识结构模式的发展。

（5）《高等学校物理学本科指导性专业规范》中明确对物理学本科专业培养的人才提出了"具备向社会公众传播科学普及知识的能力"要求，这意味着物理学专业学生，还可能包括其他专业大学生都可能以不同形式从事科普活动。而从事科普活动，就会有效果评估（评估方法很多，有线性、非线性方法，模型方法等，这些方法本身对高等院校物理教育就有意义）。若有效果评估，就会促使科普工作者提高自身的专业素质和科学文化素养，这当然会对提高高等院校物理教育质量产生积极的作用。

第四章　物理（实验）课程的科普意义

　　"大学物理"课程是高等院校物理教育最主要的组成部分，有必要单独探讨它的科普意义[6，14，16]。

一、科学知识层面

　　"大学物理"课程在科学技术知识普及中作用明显。如在讲授摩擦力时可介绍摩擦焊接；讲授刚体转动时，可介绍打击中心和网球运动中要注意的问题及"网球肘"的成因；讲授热力学部分时可介绍空气能热水器的原理及应用；讲授电磁感应时，可介绍电磁炉原理及应用；讲授光的干涉时，可介绍用干涉条纹变化监测大坝、桥梁安全的原理及方法；讲授光栅衍射时，可介绍相控阵雷达的原理及其功能；讲授黑体辐射时，可介绍红外探测及隐身技术；讲授自然界的四种相互作用时，可介绍 2004 年诺贝尔物理学奖的"渐近自由"理论。这样既开阔了学生视野，又使学生看到了物理理论的具体应用，还为提高他们扩展、迁移知识的能力奠定了良好的基础。

二、科学方法层面

　　"大学物理"（实验）课程中蕴含着最基本、最典型的科学研究方法，这符合科普定义中"倡导科学方法"的要求。譬如，伽利略发明的实验方法（大学物理实验包括普通物理实验、近代物理实验，具体的教学内容有基本物理量的测量方法、常用的物理实验方法、实验室常用仪器的使用、常用的实验操作技术等）。事实上，物理实验作为科学实验的先驱，早已使科学实验成为了科学研究的重要方法之一。它是依据研究目标，采用某种物质手段，通过干预和控制研究对象而观察和探索研究对象相关规律的一种研究方法。科学实验的基本类型有两种：验证实验和探索试验，常见的实验有模拟实验、析因实验、判决实验、比较实验等。

当然，许多不专门从事科学研究的人往往认为，科学实验只是在实验室里完成的一种枯燥无味的工作。然而科技史中记载着的一代又一代的科学家利用简陋的仪器设备进行科学实验的曲折历程，却包含着艰苦探索、孜孜以求的科学精神，包含着感人的故事、传奇。比如历史上最有魅力的十大经典物理学实验（托马斯·杨：双缝演示用于电子干涉实验；伽利略：自由落体实验；密立根：油滴实验；牛顿：棱镜分解太阳光；托马斯·杨：光干涉实验；卡文迪许：扭矩实验；埃拉托色尼：测量地球圆周长；伽利略：加速度实验；卢瑟福：发现核子实验；米歇尔·傅科：钟摆实验）。这些实验没有用到大型装备，最多是一把直尺或计算器，而且绝大多数是科学家在实验桌上独立完成的，最多有一两个助手，这不禁令人称奇。还有更为重要的是，十大实验共同体现了一种经典的科学概念，即用最简单的仪器设备，说明一个最单纯和最本质的科学道理，得出完美的结论。这也就是科学的主要目的：致力于寻找最能够简洁说明事物本相，以及解释如何发生的规则，普遍的、本质的事实，进而以适当方式把握事实之间的关系。

三、科学思想层面

大学物理课程中处处渗透着宝贵的科学思想：感觉经验抽象成概念→组合成命题→逻辑、分析→还原等（始终是科学内在线索）的理想模型思想；动力学思想；能量思想；对称守恒思想；非线性思想；熵的思想；统计思想；场的思想；平衡思想；临界思想；波粒二象性思想；量子思想；相对时空思想等。这些思想为科普的"传播科学思想"内涵提供了最丰富的内容。

四、科学精神层面

科普要求"弘扬科学精神"，而大学物理课程中，正好可以通过学习物理学的发展历史以及物理学家的成长经历等，培养学生严谨求实的科学态度和刻苦钻研的作风，激发学生的求知热情、探索精神、创新欲望，以及敢于向旧观念挑战的精神等。总的来说，科学精神应坚持一丝不苟、实事求是，应提倡开拓进取、探索创新、学无止境（科学家带着对科学的理想、从事科学探索研究，获得科学发现的过程是长期、艰苦的探索创造性工作。事实上，由于人们科学意识的增强，对科学家的尊重已渐成一种特殊的社会共识），提倡坚持真理、甘于奉献（要认识到科学研究的艰辛，不要以为科研成果是很容易得到的，从而提倡不畏艰险、甘于奉献的精神），提倡团结协作、团队精神。

五、科学道德层面

在大学物理的教学中，学生应该在被赋予物理学清晰的概念框架后，能够自由地进行物理学的学术思考，自由地对自身经验进行审视性反思，自由地且独立地行使自己的意志与判断能力，做反思的实践者，并能够拉开距离以更宽广的视角对更广泛的社会意义作出审视性评价，因为学术探索的对话性与学生独立的机会乃是高等教育的标志（学生可以且应该视为学术的合作者）。当然，在此过程中，学生、甚至物理教师等都会知晓不仅是物理学家之间、物理学科共同体内部，而且是多学科意义下的科学家之间、科学共同体内部，以及科学共同体与公众和社会之间的相互关系，会树立科学道德。这也是科普题中之意。

第五章 物理教育中的科普实践

高等院校物理教育中的科普实践十分丰富，本章略作讨论。

第一节 物理教育中的科普实践形式

高等院校物理教育中的科普实践形式可以多种多样。其中，除物理学专业教育外，"大学物理"理论及实验课程作为高等院校大学生学习物理学的主要方式，作为理工科各专业一门重要的学科基础课，应是大学物理教育中的主要科普实践形式。就是说，大学基础物理课程担负着在大学普及科学技术知识、倡导科学方法、传播科学思想、弘扬科学精神、树立科学道德，以提高大学生的科学文化素质和思想道德素质的重要使命。当然，如"文科物理"课程及其他相关选修课、能演示物理现象的物理科学馆、物理宣传橱窗及展览、物理科普自学读物、物理讲座、创新性项目、科技社团、竞赛及科技活动等也应是高等院校物理教育中的科普实践形式。笔者所在的长治学院电子信息与物理系在这些方面做了一些尝试，这里列举一二。

课程方面，我们除了在理工科专业开设"大学物理"理论及实验课外，还在全校开设了"科学与文化"公共选修课，出版了配套教材《科学与文化十讲》，以此来使学生真正把科学元素和文化元素作为一个整体，综合起来融入到自身的人格、气质、修养中，融入到自身的思维方式和文化品位中，融入到自身的日常生活和学习中（参见文献 18）。

在读物方面，我们在校报上开辟了"科普之窗"专栏，由系科普组供稿，材料内容涉及物理科学前沿、技术前沿等，收到了一定的效果。

在讲座方面，我们面向全校开展了"科普讲台"系列讲座活动，这有助于学生理解物理，理解自然，拓宽知识面，提升科学兴趣，提高综合素质。

此外，我们还开展了科普知识竞赛等活动。

以上列举了一些科普实践形式，然而笔者认为，高等院校物理普及从内容到形式，从内涵到外延，都十分复杂，十分特殊，十分丰富，应该专门研究。换句话说，高等院校物理普及应独立成为一门新学科——大学物理普及学。该学科研究高等院校中物理学普及的现象、意义、过程、方法，揭示高等院校中物理普及的规律。它可以被看成是大学科普学的二级学科。

第二节　物理（实验）课程中的科普实践形式

作为高等院校物理教育重要组成部分的"大学物理"理论与实验课程，不仅包含学生后续课程必需的、为其他学科专业的学习奠定扎实的、必要的知识基础的物理知识与技能，而且渗透着科学研究的基本思想和方法，渗透着科学家博大、精深的科学智慧和精神气质。这对于培养和提高学生的科学文化素养，对于学生的全面成长及其终身的发展可以起到极其重要的作用，而这也正是高等院校科普的意义所在。下面具体介绍在该课程中的科普实践形式。

一、物理学家的科学道德与科学精神

在课堂上，我们可以在适当时机适当介绍一些物理学家的事迹，这对于学生领悟科学家博大精深的科学智慧和精神气质，牢固树立科学道德，自觉弘扬科学精神是非常有益的。例如，我们可以在适当场合介绍下面几个专题。

专题（一）[19-20]

富兰克林的十三种品德

本杰明·富兰克林（1706.1.17—1790.4.17），18世纪美国最伟大的科学家和发明家，在电学上成就显著。曾做过著名的"费城风筝实验"，提出了避雷针的设想，并且创造了许多世界通用的专用名词，如正电、负电、导电体、电池、充电、放电等。他一生最真实的写照是他自己所说过的一句话"诚实和勤勉，应该成为你永久的伴侣"。

本专题主要结合富兰克林与其他物理学家的事例，讲述富兰克林在他的自传里谈到的十三种品德。他写道："我的目的是养成所有美德的习惯"。"最好还是在一个时期内集中精力掌握其中的一种美德。当我掌握了一种美德后，接着就开始注意另外一种，这样下去，直到我掌握了十三种为止。因为先获得的一些美德可以便利其他美德的培养"。

富兰克林谈到的十三种品德是：

（1）节制。食不过饱，饮酒不酗。

（2）寡言。言必于人于己有益，避免无益的聊天。

（3）生活秩序。每一样东西应有一定的安放地方，每件日常事务当有一定的时间去做。

（4）决心。当做必做，决心要做的事应坚持不懈。这一点在他身上体现得淋漓尽致。众所周知，在 18 世纪以前，人们还不能正确地认识雷电到底是什么。学术界比较流行的观点是雷电是"气体爆炸"。然而，富兰克林经过反复思考，断定雷电也是一种放电现象，它和在实验室产生的电在本质上是一样的。于是，他写了一篇名为《论天空闪电和我们的电气相同》的论文。但富兰克林的伟大设想竟遭到了许多人的冷嘲热讽。富兰克林决心用事实来证明一切。1752 年 7 月的一天，阴云密布，电闪雷鸣，一场暴风雨就要来临了。富兰克林和他的儿子威廉一道，带着上面装有一个金属杆的风筝来到一个空旷地带。富兰克林高举起风筝，他的儿子则拉着风筝线飞跑。由于风大，风筝很快就被放上高空。刹那，雷电交加，大雨倾盆。富兰克林和他的儿子一道拉着风筝线，父子俩焦急地期待着，此时，刚好一道闪电从风筝上掠过，富兰克林用手靠近风筝上的铁丝，立即感到有一种恐怖的麻木感。他抑制不住内心的激动，大声呼喊："威廉，我被电击了！"随后，他又将风筝线上的电引入莱顿瓶中。回到家以后，富兰克林用雷电进行了各种电学实验，证明了天上的雷电与人工摩擦产生的电具有完全相同的性质。这样，富兰克林关于雷电的假说，在他自己的这次"费城风筝实验"中得到了完美的证实。笔者同时认为，富兰克林的决心，在这次"费城风筝实验"中也同样得到了世界的认可。另外，扮演另一角色（成功印刷企业家）的富兰克林，在克服了重重困难之后，能出版费城第一份报纸《宾夕法尼亚报》，能出版美国第一本医学专著和第一部小说，也足见富兰克林的决心之大。

事实上，决心大的物理学家有很多，如热学专家本杰明·汤普森,曾经从沃布恩到剑桥走 8 英里路去听哈佛学院温思罗普教授关于自然哲学的讲演。

（5）俭朴。用钱必须于人或于己有益,换言之,切戒浪费。富兰克林在生活上极其节俭,他在英国时曾兼职游泳教练以增加收入。

（6）勤勉。不浪费时间;每时每刻做些有用的事,戒掉一切不必要的行动。在这一点上与富兰克林有同样品德的物理学家欧姆,就是很好的例子。他年轻时的远大抱负是要得到大学教授的职称,此后勤勉上进,当他 62 岁时,年轻时的抱负终于实现了。他被任命为慕尼黑大学的非常任教授,65 岁时,当上了正式教授。一个理想能经营一生,足见其勤勉。

（7）诚恳。不欺骗人,思想要纯洁公正,说话也要如此。在这方面我们想到了物理学家库仑。他在被派去考察河床时,不畏强权,敢讲真话,事后接受报酬时,仅接受一只秒表,还是实验中所需要的。正如托马斯·杨说:"据说他的道德品格就像他的数学研究一样端正"。

（8）公正。不做损人利己的事,不要忘记履行对人有益而又是你应尽的义务。

（9）适度。避免极端,人若给你应得的处罚,你当容忍之。

（10）清洁。身体、衣服和住所力求清洁。

（11）镇静。勿因小事或普通不可避免的事故而惊慌失措。热学家阿蒙顿在年轻时变成聋子,但他没有把这看成不幸,因为这使他有可能从事科学研究,而较少受外部世界的干扰,由此可见他镇静的品德。

（12）贞节。

（13）谦虚。托马斯·杨和菲涅耳都是一流的光学专家,他们都曾独立研究光的波动,但当他们都知道对方的工作后,却没有激烈的优先权之争。菲涅耳在 1816 年给杨的信中写道："如果有什么能够安慰我没有获得优先权的利益的话，那就是，对我来说，我遇到了以如此大量的重要发现丰富了物理学的学者，同时他大大地有助于加强我对于我所采用的理论的信心"。杨在 1819 年 10 月 16 日给菲涅耳写道："先生，我为您赠送我令人敬羡的论文表示万分感谢，在对光学进展最有贡献的许多论文中，您的论文确实也是有很高的地位的"。通过以上叙述，两位物理学家谦虚的品德已足以让我们赞叹。实际上，谦虚的物理学家很多，亥姆霍兹很愉快地承认迈尔关于能量问题的优先权就是另一例子。这里不再展开。

笔者希望物理学家富兰克林谈到的十三种品德能得到青年学生的重视。

专题（二）[21-23]

爱因斯坦的两次"平凡"

阿尔伯特·爱因斯坦（1879.3.14—1955.4.18），物理学家，因光电效应、质能关系、量子论、相对论等重大科学贡献，被公认为是 20 世纪最伟大的物理学家，现代科学的开创者、集大成者和奠基人。鉴于相当多的人对爱因斯坦很熟悉，本专题将不再叙述这位伟大人物（1999 年 12 月 26 日，爱因斯坦被美国《时代周刊》评选为"世纪伟人"）的生平事迹与科学贡献，而是只取两个"平凡"事例（"微笑"事例与"大怒"事例）来反映这位伟人在两次"平凡"中折射出的光辉。

先讲"微笑"事例。当年，有人处处说爱因斯坦的理论错了，并且声称有一百位科学家联合作证。爱因斯坦知道此事后只是微微一笑，说："一百位？这么多人？只要证明我的理论真的是错误的，一人出面即可"。而后来的事实证明，他的理论经受住了时间的考验。这则"微笑"事例很简单，很"平凡"，但它却反映出了爱因斯坦的豁达。笔者踏上教学科研之路已多年，也幸遇了很多同行，很多学生，然而并不是所有人都能像爱因斯坦一样，在受到曲解时，能够微笑处之，淡然处之。

再叙"大怒"事例。1936 年 6 月 1 日，著名的美国《物理评论》杂志收到了由爱因斯坦和罗森署名的一篇稿件。稿件的标题为"引力波存在吗？"，稿件的结论是"引力波并不存在"。编辑部按照审稿程序，6 月 7 日送审。7 月 17 日，审稿意见返回。审稿人认为，爱因斯坦的稿件有严重错误，需要修改。7 月 23 日，负责此稿件的编辑将审稿人意见反馈给爱因斯坦并要求爱因斯坦对审稿意见作出反应。然而令人意想不到的是，爱因斯坦却在 7 月 27 日以不客气的态度用德语给编辑回了信。回信大意是，他没有授权给编辑在文章刊出前送审，且匿名审稿人的意见是错误的，他将把文章另投他刊。收到回信后，编辑以贴切的话语给了爱因斯坦回复，在回复中，编辑对爱因斯坦决定另投表示遗憾，并且重申了《物理评论》的审稿制度。后来，爱因斯坦也果然把文章投到了《富兰克林研究所杂志》，且在 1937 年 1 月发表。但此时发表的文章已作了重大改动，如把结论从否定引力波存在改成了肯定引力波的存在等。另外，爱因斯坦在文末加了一个附注，大意是：因罗森博士在俄国，文章由爱因斯坦作了重大改动，这是因为先前错误地解释了文章所得公式的结果，并表示了对给予此项纠错工作友好帮助的罗伯森教授的感谢。实际上，在这项改动工作背后发生过以下一幕：爱因斯坦的新助手英费尔德在对爱因斯坦文章中引力波不存在的结论作出证明后，被好朋友罗伯森教授指出了错误，且罗伯森教授进一步说服了爱因斯坦，使爱因斯坦认识到他原先的结论是错的（事实上爱因斯坦原先文章的理论正预言了引力波的存在）。讲到这，有人会问，当初《物理评论》的审稿人是谁？根据相关资料，就是爱因斯坦感谢的那位罗伯森教授！至此，"大怒"事例叙述完毕。但由"大怒"事例表现出的爱因斯坦作为平常人的"平凡"的一面所应引起的思考，却远没完结。首先，爱因斯坦是广义相对论的创立者，但他也会在他最擅长的领域犯错误，且文章错误被人指出后也会大怒，这说明他也是平常人。连爱因斯坦都有平常人"平凡"的一面，那么我们有的人还有何理由去膜拜所谓的"权威"？还有何理由不敢为追求真理而直言（爱因斯坦也说过，在真理和认识方面，任何以权威者自居的人，必将垮台！）？如果我们读此"大怒"事例后，都能像罗伯森教授那样，那么，这就可以说是爱因斯坦此次的"名人平凡"有了价值，或者说也放出了"平凡"的光辉。其次，在文章错误后爱因斯坦最终被说服并作出改动，且在文章改动后加了附注说明自己原先文章的错误，也充分表明了爱因斯坦的光明磊落，充分表明了爱因斯坦的科学精神。最后，笔者向坚持原则的《物理评论》杂志社编辑致敬。

爱因斯坦的两次"平凡"，折射出了伟人"平凡"的光辉，笔者希望青年学生能够认真思考，让这样的"平凡"孕育出学生的杰出。

专题（三）[24-25]

坚持己见的鲍威尔

塞西尔·弗兰克·鲍威尔（1903.12.5—1969.8.9），英国物理学家，因发展了用以研究核过程的照相乳胶记录法并用此方法发现了π介子，获得了1950年度诺贝尔物理学奖。π介子的发现，开创了物理学的一个新的分支学科——粒子物理学，鲍威尔因此也被誉为粒子物理学之父。

　　本专题将重温鲍威尔发展核乳胶照相技术过程，以此来说明坚持己见在科学研究过程中的重要作用。

　　1928 年，鲍威尔到布里斯托尔大学物理系工作，主要协助系主任廷德尔教授做气体中离子迁移率的研究。1935 年，系主任廷德尔认为大学物理研究方向应转到核物理学方面，建议鲍威尔研制粒子加速器。鲍威尔接受了廷德尔的建议，开始研制加速器。1937 年年底，在廷德尔实验室工作的海特勒注意到《自然》杂志上发表布劳和万巴彻的论文，他们成功地在乳胶上探测到宇宙射线的粒子轨迹。海特勒把此文介绍给廷德尔，认为此法简单易行。廷德尔鼓励海特勒在这一领域进行尝试，并建议鲍威尔暂时放下手中工作，帮助海特勒设计和制作乳胶底片箱等设备。然而，在此前两年，英国核物理学家就普遍接受了卡文迪什实验室物理学家泰勒所做的最后结论：不稳定的特性不准许乳胶照相的方法成功地应用于核物理研究，即此方法不稳定的特性不适合定量的研究工作。鲍威尔的上司、物理系主任廷德尔多次被专家告之，鲍威尔的努力其实是在浪费时间，言外之意，乳胶照相技术没有前途，搞不出名堂。但是，鲍威尔却始终认为他们的想法是错的，而他终将会成功。从此后，鲍威尔便一发不可收，在乳胶照相技术领域艰苦工作，1939—1945 年间，鲍威尔发展了用感光照相乳胶来记录宇宙射线径迹的技术，使原子核摄影技术发展到了一个新的阶段。在这之前，由于乳胶的灵敏度不高，只能记录下一些能量较小而电离较大的粒子的轨迹，对于一些能量较大而电离较小的粒子则往往被漏掉，减少了发现新粒子的机会。鲍威尔与其合作者提高了乳胶的灵敏度并增加了乳胶的厚度，使带电粒子通过乳胶时产生电离，乳胶在显影后呈现的黑色晶粒，就是带电粒子通过乳胶时留下的径迹。由于宇宙射线具有很大的能量，当它们进入大气层时，与大气层中的粒子发生碰撞，失去能量并产生次级宇宙射线。因此，他们把装有感光照片的气球放到高空中去记录宇宙射线的径迹。经过大量实验，他们拍摄了十几万张乳胶照片，并对乳胶照相技术不断改进、完善，使其从不稳定的定性研究发展到可以精确定量研究，并成为一种优秀的探测工具，为物理学界接受，在核物理研究中大显身手。1950年，鲍威尔获得了诺贝尔物理学奖。

可以看出，在鲍威尔成功的路上，其内心对核乳胶照相技术的坚定信念起到了关键作用。尤其是在遇到外来压力的情况下，能坚持己见就更加难能可贵。

专题（四）

居里夫人与"孤子精神"

玛丽·居里（1867.11.7—1934.7.4），世界著名科学家，研究放射性现象，发现镭和钋两种天然放射性元素，一生两度获诺贝尔奖（第一次获得诺贝尔物理奖，第二次获得诺贝尔化学奖）。作为杰出科学家，尤其作为成功女性的先驱，居里夫人有很大的社会影响，她的事迹激励了很多人。本专题将从一个新的视角（"孤子精神"）去理解居里夫人光辉的一生。

首先解释"孤子精神"中的"孤子"一词。孤子，是一个物理学概念。孤子是孤立子的简称，不严格地讲，又称孤立波，是20世纪非线性科学的重大发现，同时也是最早在自然界被观察到，且可以在实验室产生的非线性现象之一。其起源可追溯到英国工程师罗素在19世纪中叶观察到的在河面上单个凸起水峰奇特的长距离保形运动（这种水峰，用物理语言可描述为能量有限，且分布在有限的空间范围内）。这种保形运动，或者说孤立的波动现象在被发现后曾一度引起物理学家的研究兴趣。尤其是近几十年，孤子理论的研究工作更是蓬勃发展，除在上述流体物理领域之外，孤子现象无所不在。如在等离子体物理、凝聚态物理、基本粒子、非线性光学等领域都有孤子现象。其中，非线性光学中的光孤子，就是非常引人注目的孤子现象。这里我们简要介绍光孤子中的时间光孤子：在时域里具有一定宽度的光脉冲，在光纤中传输，会有色散效应和非线性效应。色散效应使脉冲展宽，非线性效应使脉冲压缩，在一定条件下，两种效应达到平衡，从而使包络在长距离传输中形状维持不变。这种具有孤子性质的光脉冲即为时间光孤子。时间光孤子在通信领域有重大应用价值，这里不再赘述。那么，我们所说的"孤子精神"所指何物？

实际上，谈到精神，必与人生有关。那么有人要问"'孤子'和人生有什么关系？"我们不妨思考一下人生的走向是怎样的。很简单，人生的走向当然是前进的。物理中的孤子也有很多是前进的孤子。而且，物理中的孤子在前进中，同时受到作用相反的两方面作用（如光孤子受到色散和非线性作用）。那么，我们前进的人生，受不受作用相反的两方面作用？这里，笔者引用长治学院英语系欧阳木老师的一句话："我们永远都在欢乐与悲伤，激昂与失落，希望与迷茫之间行走"（摘自"我们在路上"，《长治学院报》，第225期，第4版，2008年12月31日）。下面笔者以"孤子精神"的视角来理解居里夫人的一生，大家会进一步明白什么是"孤子精神"，会更加理解居里夫人的光辉。

玛丽·斯可罗多夫斯卡于1867年出生在波兰华沙的一个教师家庭（父亲是一名收入有限的中学数理教师，母亲是中学教员）。她从小就很聪明，但她的童年却充满艰难。她的母亲有严重疾病，是大姐照顾她长大的。后来，母亲和大姐在她不满 12 岁时就相继病逝。这样的生活环境磨炼出了她的自立自强。在学校，玛丽每门功课都是第一。15 岁时，就以获得金奖章的优异成绩从中学毕业。

中学毕业后，曾患了一年的疾病。由于是女性，她不能在任何俄罗斯或波兰的大学继续进修，所以她当了几年的家庭教师。最终，在她的姐姐的经济支持下移居巴黎，并在索邦（巴黎大学的旧名）学习数学和物理学。在学习中，她有着强烈的求知欲望，虽然艰苦的学习使她的身体变得越来越不好，但她的学习成绩却一直名列前茅，连教授们都很惊异。入学两年后，她相继参加了物理学学士学位考试和数学学士学位考试，并以数一数二的成绩取得了物理学及数学两个学位。而且，她还成为了该校第一名女性讲师。

1894 年初，玛丽接受了法兰西共和国国家实业促进委员会提出的关于各种钢铁的磁性科研项目。在完成此科研项目的过程中，她结识了一位很有成就的青年科学家——理化学校教师皮埃尔·居里。两人相见恨晚，很快结为夫妇。结婚后，人们都尊敬地称呼玛丽为居里夫人。在此后的几年中，居里夫妇不断地提炼沥青铀矿石中的放射成分。经过坚持不懈的奋斗，他们终于成功地分离出了氯化镭并发现了两种新的化学元素：钋和镭。由于居里夫妇的惊人发现，1903 年，居里夫妇和亨利·贝克勒尔共同获得了诺贝尔物理学奖，居里夫人也因此成为了历史上第一个获得诺贝尔奖的女性。然而，1906 年，居里先生却不幸因车祸猝然去世。居里夫人强忍着巨大的悲痛，担任了居里实验室主任。她决心加倍努力，完成两个人共同的科学理想。巴黎大学也决定由居里夫人接替居里先生讲授物理课。在家庭方面，她完全承担起供养居里父亲和两个女儿的重任。

1910 年，居里夫人又完成了《放射性专论》一书。她还与人合作，成功地制取了金属镭。1911 年，居里夫人又获得诺贝尔化学奖。

不久当选为法国医学科学院唯一的女院士。一位女科学家,在不到10年的时间里,两次在两个不同的科学领域荣膺世界科学的最高奖,这在世界科学史上是独一无二的。但同时,也有许多人忌妒她,诬蔑、匿名信等威胁将居里夫人几乎逼向绝路。

"我们永远都在欢乐与悲伤之间行走"! 居里夫人的一生无可争议地证明了欧阳木老师的这句话。但居里夫人"不以物喜,不以己悲"("我们不得不饮食、睡眠、浏览、恋爱,也就是说,我们不得不接触生活中最甜蜜的事情,不过我们必须不屈服于这些事物。"——居里夫人),始终以饱满的"能量",执著的信念,向着科学的最高点在奋勇前进("如果能随理想而生活,本着正直自由的精神,勇敢直前的毅力,诚实不自欺的思想而行,一定能臻于至美至善的境地。"——居里夫人)。这体现了"孤子的长距离保形传输",这就是"孤子精神"。有人要问"长距离"有多长? 直到她生命的最后一息,由于恶性贫血、高烧不退,躺在病床上的居里夫人,仍然要求她的女儿向她报告实验室里的工作情况,替她校对她写的《放射性》著作。居里夫人1934年7月4日去世。她把她的一生完全献给了她所挚爱的科学事业。她的一生中,共得过包括诺贝尔奖等在内的10次著名奖金,得到国际高级学术机构颁发的奖章16枚,世界各国政府和科研机构授予的各种头衔多达100多个。但是她一如既往地谦虚谨慎。伟大的科学家阿尔伯特·爱因斯坦曾评价玛丽·居里是没有被盛名宠坏的人。总之,居里夫人的一生闪耀着"孤子精神"的光辉!

至此,就简单地完成了开篇提出的"以'孤子精神'的视角去解读居里夫人光辉一生"的任务。但从居里夫人身上体现的这种"孤子精神"所应引发的深层思考,却远远没有完成。笔者从教几载,深知当前我们青年学生思想状况之复杂。譬如,学生遇到失败时,是否还都能明白《老人与海》中的哲理：失败，本是人生驿站上的一枚苦果，然而经历拼搏的失败又会比轻而易举的成功更具崇高品位，因为它赢得的是一种精神。在生活、爱情等方面遭到挫折时，是否还都能做到《飘》中的 "After all, tomorrow is another day!"？还有，当面对鲜花、掌声时，是否还都能不骄傲不自满，一如既往地搞好自己的事业？笔者在这里再次引用长治学院电子信息与物理系孙青老师的一段话："现在望着高考，发现它并不是唯一的人生，也不可能在一次失利后真的被埋没。无论走到哪里，拼搏的日子都应是最常态的生活，也希望自己终有一天能圆那时的梦，找回那个丢了的真正的我！"（摘自：望着高考. 长治学院报，第 225 期第 4 版，2008 年 12 月 31 日）。这就是"孤子精神"！

最后，笔者希望居里夫人身上体现的"孤子精神"得到发扬，因为无悔的人生需要"孤子精神"！（本专题节选自文献 18）

专题（五）[26-30]

牛顿——跨学科的科学大师

艾萨克·牛顿（1643.1.4—1727.3.20），英国物理学家、科学家，主要科学贡献：发明了微积分，发现了万有引力定律和经典力学，设计并制造了第一架反射式望远镜，发现光的色散原理等，被誉为人类历史上最伟大、最有影响力的科学家。出版了划时代巨著《自然哲学之数学原理》等。

牛顿作为一位很出色的物理学家，已为大家所熟知。实际上，他在数学、化学等领域的科学创造也很突出。而且这些科学创造中的每一项都足以让创造者名垂千古。牛顿，真正是一位跨学科的科学大师，在他身上闪耀的是科学理性的光辉。本专题将简单介绍他在数学、化学上的主要成就，以期大家能更全面地认识这位伟大人物。

毫无疑问，在牛顿的全部科学成就中，数学上的贡献占有特殊的地位。对这一方面的研究已有很多，如怀特塞德的专著：《艾萨克·牛顿的数学文稿》、《艾萨克·牛顿的数学著作》，论文：《艾萨克·牛顿：一个数学家的诞生》、《17世纪末数学思想的图式》、《牛顿的数学方法》；特恩波尔的专著《艾萨克·牛顿的数学发现》；卡尔·博伊的论文：《计算思想：微分和积分概念的一个评论性和历史性探讨》，等等。那么，牛顿在数学上到底有哪些具体工作？

第一，牛顿-拉夫逊方法的发现。它是一种在实数域和复数域上近似求解方程的方法。

第二，二项式定理的发现。1665年，年仅22岁的牛顿在研读沃利斯博士的《无穷算术》，并试图修改他的求圆面积的级数时，创立了级数近似法，以及把任意幂的二项式化为一个级数展开的规则，即发现了二项式定理，这对于微积分的充分发展是重要的。

第三，微积分的创建。牛顿通过研究正流数法（微分）、反流数法（积分）等，将古希腊以来求解无限小问题的各种特殊技巧统一为两类普遍的算法——微分和积分，并确立了这两类运算的互逆关系（如：面积计算可以看作求切线的逆过程等），且以代数方法取代了卡瓦列里、格雷哥里、惠更斯和巴罗的几何方法，完成了积分的代数化。这为近代科学的发展提供了最有效的工具，开辟了数学上的一个新纪元。

第四，《普遍算术》的出版。1707年，牛顿的代数讲义经整理后以书名《普遍算术》出版。书中陈述了代数基本概念与运算，说明了如何将各类问题化为代数方程，同时对方程的根及其性质进行了深入探讨，引出了方程论方面的丰硕成果，如"牛顿幂和公式"等。

第五，专论《三次曲线枚举》的发表。牛顿对解析几何与综合几何都有贡献。他引入曲率中心，给出了曲线圆概念，提出了曲率公式及计算曲线的曲率方法。当然,他的数学工作还涉及数值分析、概率论和初等数论等诸多领域。

另外,值得一提的是,直到晚年,牛顿的数学能力也没衰退。有两则事例证明:1696 年,瑞士数学家伯努利出了两个问题挑战欧洲数学家。50 多岁的牛顿知道后,当晚就解决了。再一次是 1716 年,莱布尼兹出题给牛顿,但此时已 70 多岁的牛顿一个下午就将答案给出来了。

通过以上介绍,相信大家已对牛顿在数学上的奠基性贡献有了一定了解。事实上,牛顿还是一位化学家。在这方面研究不多,但也有些成果:默茨格著的《牛顿、斯塔尔和布尔哈维的化学理论》;霍尔夫妇著的《牛顿化学实验》;阿诺德·撒克雷著的《原子和动力:关于牛顿的物质理论和化学问题的专题》等。那么,牛顿在化学上又有哪些贡献呢?这里列举以下几点。

第一,采用大量实验方法研究化学作用,甚至自制仪器设备,兴起化学实验之风。

第二,提出了很多的元素和化合物的化学符号,为后续工作奠定了基础。

第三,用物理的粒子组成学说和引力与斥力的观点研究物质组成,提出同种最小粒子——原子靠引力而结成不同层次。

第四,用引力大小说明物质的化合和分解、溶解和融解,说明材料的比重差异在于粒子精细程度的不同结合,并说明物质三态的变化和元素间的嬗变。

第五,从粒子和力的观点提出无机物与生物之间的物质转化,用电精的传递观点分析和说明感觉-神经-大脑-神经-肌肉-动作反应的传递机制,与今天的神经传递的钠、钾离子传递理论十分符合。

第六,进行定量分析和置换关系的实验和测量,他在 1692 年已经认识到酸、碱、土之间存在既定数量的化合关系。

第七，逐步通过实验和用科学的粒子和力的观点，将对化合与分解的理解纳入科学的轨道。

"无知识的热心，犹如在黑暗中远征（牛顿）"，横跨数学、物理学、化学三大学科的科学大师——牛顿是对这句名言的最好诠释。他不仅在物理学领域孜孜以求，而且在数学、化学等领域也不断登攀，体现着他对科学知识的广泛兴趣与无比渴望。当下，青年学生思想活跃、参与意识强、求新意识强，但在学科上的学术视野却不够宽、学术基础不够牢、学术素质不够高。笔者真心希望青年学生能向这位科学大师学习，努力提高自己的科学本领，早日成为栋梁之才。

专题（六）[31-32]

伦琴——诺贝尔物理学奖首位获得者

威廉·康拉德·伦琴（1845—1923），德国实验物理学家，第一位诺贝尔物理学奖获得者。

出生在德国尼普镇的伦琴，一生在物理学中的许多领域进行过实验研究工作，如对电介质在充电的电容器中运动时的磁效应、气体的比热容、晶体的导热性、热释电和压电现象、光的偏振面在气体中的旋转、光与电的关系、物质的弹性、毛细现象等方面的研究都作出了一定的贡献，当然为他赢得巨大荣誉的无疑是他对 X 射线的发现。

X 射线是波长介于紫外线和 γ 射线间的电磁辐射。1895 年 12 月 28 日，伦琴用《一种新射线（初步通信）》这个题目，向维尔茨堡物理学医学协会作了报告，宣布他发现了 X 射线，阐述这种射线具有直线传播、穿透力强、不随磁场偏转等性质。这一发现立即引起了强烈的反响：1896 年 1 月 4 日柏林物理学会成立 50 周年纪念展览会上展出 X 射线照片；1 月 5 日维也纳《新闻报》抢先作了报道；1 月 6 日伦敦《每日纪事》向全世界发布消息，宣告发现 X 射线。这些宣传，轰动了当时国际学术界，论文《初步通信》在 3 个月之内就印刷了 5 次，并立即被译成了英、法、意、俄等国文字。且随之而来的专著和小册子就有 49 种，有关 X 射线的论文也竟达 1044 篇。X 射线成为世纪之交的三大发现之一。1901 年，刚刚设立的诺贝尔奖评奖委员会将第一个物理学奖颁发给了伦琴。

伦琴一生献身科学，对物质利益十分淡薄，他不仅将自己的发现无私地奉献给了社会（伦琴说过："我的发现属于所有的人。但愿我的这一发现能被全世界科学家所利用。这样，它就会更好地服务于全人类……"），也将自己所获诺贝尔奖金全部献给维尔茨堡大学以促进科学的发展。他的一个终生好友鲍维利就曾经写道："他的突出性格是绝对的正直。我们大概可以这样说，无论从哪种意义上讲，他都是 19 世纪理想的化身：坚强、诚实而有魄力；献身科学，从不怀疑科学的价值……"。伦琴这样的品质，这样的境界，是值得我们青年学生认真学习的。

专题（七）[32-33]

三位"汤姆孙"

名字为汤姆孙的科学家，最著名的有以下几位：W·汤姆孙，即开尔文男爵，英国物理学家，在物理学很多领域有卓越贡献；J·J·汤姆孙，英国物理学家，1906 年诺贝尔物理学奖获得者；G·P·汤姆孙，英国物理学家，J·J·汤姆孙之子，1937 年诺贝尔物理学奖获得者。

W·汤姆孙（1824—1907），19 世纪英国物理学家。因装设大西洋海底电缆有功，英国政府于 1866 年封他为爵士，后又于 1892 年封他为男爵，称为开尔文男爵，以后就改名为开尔文。1846 年开尔文被选为格拉斯哥大学教授，1904 年出任格拉斯哥大学校长。

开尔文的科学活动是多方面的。他对物理学的主要贡献在电磁学和热力学方面。那时电磁学刚刚开始发展，逐步应用于工业而出现了电机工程，开尔文在工程应用上作出了重要贡献。热力学的情况却是先有工业，而后才有理论。从 18 世纪到 19 世纪初，在工业方面已经有了蒸汽机的广泛应用，然而到 19 世纪中叶以后，热力学才发展起来。开尔文是热力学的主要奠基者之一。如开尔文在 1848 年提出，在 1854 年修改的绝对热力学温标，现在仍是科学上的标准温标。

开尔文终生不懈地致力于科学事业，他不怕失败，永远保持着乐观的战斗精神。他在 1904 年出版的《巴尔的摩讲演集》的序言上关于如何对待困难有这样的表述："我们都感到，对困难必须正视，不能回避；应当把它放在心里，希望能够解决它。无论如何，每个困难一定有解决的办法，虽然我们可能一生没有能找到"。

J·J·汤姆孙（1857—1940），英国物理学家，电子的发现者，汤姆孙原子模型提出者，著名物理学家卢瑟福的老师。因通过气体电传导性的研究，测出电子的电荷与质量的比值，1906 年获诺贝尔物理学奖。

这里应特别指出，J·J·汤姆孙在担任卡文迪什实验室教授期间，创建了完整的研究生培养制度，并培育了良好的学术风气。他理论与实验并重，特别提倡自制仪器，又提倡要善于抓住要害，进行精确的理论分析。他的博学、敏捷、科学直觉、想象力与创造力带领着一大批学者前进在科学前沿上，使卡文迪什实验室成为国际物理前沿研究中心之一。他的学生有 7 人获诺贝尔奖。他还努力促进大学与中学物理教学的提高，写出了几本出色教材。英国能够在 20 世纪前 30 年在原子物理学领域保持重要的领先地位，汤姆孙的有力指导和优秀教学能力起了非常重要的作用。

G·P·**汤姆孙**（1892—1975），英国物理学家，J·J·汤姆孙之子。因通过实验发现受电子照射的晶体中的衍射现象，1937 年获得诺贝尔物理学奖。

G·P·汤姆孙从小接受了良好的科学教育，在父亲的指导下做气体放电等方面的研究工作。1922 年，30 岁的他当了阿伯登大学教授，继续做他父亲一直从事的正射线的研究，实验设备主要是电子枪和真空系统。另外，他很欣赏 1924 年德布罗意的论文，并于 1925 年向《哲学杂志》投过一篇论文，试图参加有关物质波的讨论。由于他的实验室有优越的条件可以进行电子散射实验，因此当他把正射线的散射实验装置作些改造，把感应圈的极性反接，在电子束所经途中加一赛璐珞薄膜作为靶子，让电子束射向感光底片时，就得到了最早的电子衍射花纹。且实验中求得的衍射波长，正好与德布罗意所预言的电子波的波长相符，因而证实了电子的波动性。几乎同时，C·J·戴维森也由电子散射实验而得到同样的结论，为此两人同获 1937 年的诺贝尔物理学奖。

专题（八）[34-35]

天才物理学家——德布罗意

路易·维克多·德布罗意（1892.8.15—1987.3.19），国际著名理论物理学家，诺贝尔物理学奖获得者，物质波理论的创立者，量子力学的奠基人之一，法国科学院院士。

德布罗意 1892 年 8 月 15 日出生于法国塞纳河畔的迪耶普，是法国一贵族家庭的次子。他从小酷爱读书，中学时代显示出文学才华，从 18 岁开始在巴黎索邦大学学习历史，并且于 1910 年获得历史学位。1911 年，他听到作为第一届索尔维物理讨论会秘书的莫里斯谈到关于光、辐射、量子性质等问题的讨论后，激起了强烈兴趣，特别是他读了庞加莱的《科学的价值》等书后，转向研究理论物理学。1913 年，他获理学学士学位。值得注意的是，他的哥哥莫里斯是一位实验物理学家，是 X 射线方面的专家，拥有设备精良的私人实验室。从他哥哥那里德布罗意了解到普朗克和爱因斯坦关于量子方面的工作，进一步引起了他对物理学的极大兴趣。经过一翻思想斗争之后，德布罗意终于放弃了已决定的研究法国历史的计划，选择了物理学的研究道路，并且希望通过物理学研究获得博士学位。从此德布罗意成为从历史学走向物理学的天才物理学家！

1919 年，德布罗意在他哥哥的实验室研究 X 射线，在那里，他不仅获得了许多原子结构的知识，而且接触到 X 射线时而像波、时而像粒子的奇特性质。光的波动和粒子两重性被发现后，许多著名的物理学家感到困扰。年轻的德布罗意却由此得到启发，大胆地把这两重性推广到物质客体上去。1923 年他连续在《法国科学院通报》上发表了三篇关于物质波的短文：《辐射——波和量子》、《光学——光量子、衍射和干涉》、《物理学——量子、气体运动理论及费马原理》，创立了物质波理论，之后，他投入博士论文的写作，1924 年 11 月他在导师朗之万的指导下，以题为《量子理论的研究》的论文通过博士论文答辩，获得博士学位。在这篇论文中，包括了德布罗意近两年取得的一系列重要研究成果，全面论述了物质波理论及其应用，提出了德布罗意波（相波）理论。他在文中写道："整个世纪（19世纪）以来，在光学上，与波动方面的研究相比，忽略了粒子方面的研究；而在实物粒子的研究上，是否发生了相反的错误？是不是我们把粒子方面的图像想得太多，而忽略了波的图像？"于是，他提出假设：实物粒子也具有波动性。他认为实物粒子如电子也具有物质周期过程的频率，伴随物体的运动也有由相位来定义的相波，即德布罗意波，后来薛定谔解释波函数的物理意义时称为"物质波"。

德布罗意的新理论在物理学界掀起了轩然大波，这种在并无实验证据的条件下提出的新理论让人们很难接受。然而爱因斯坦却以他在科学上超人的素养，对德布罗意的想法产生了共鸣，称赞说："德布罗意的工作给我留下了深刻的印象，一幅巨大帷幕的一角卷起来了"。同时呼吁同行：不要小看这位小将的工作，爱因斯坦一眼看出，德布罗意的工作决不仅是与自己关于光子理论的简单类比，这种物质波还包含了玻尔、索末菲量子规律的非常卓越的几何解释，"看来粒子每一运动都伴随着波场，这个波场（它的物理性质目前还不清楚）原则上应该能观察到"。超人的预见正是爱因斯坦的特征，有了爱因斯坦的推荐，德布罗意的物质波理论一下子引起了物理学界的广泛注意。事实上，这一理论以后被薛定谔接受而导致了波动力学的建立。在此，笔者又要由衷赞叹：德布罗意，一位有着巨大理论创新勇气的天才物理学家！

1927年初，戴维森和革末通过实验发现，在镍晶体对电子的衍射实验中，有19个事例可以用来验证波长和动量之间的关系，而且每次都在测量精确度范围内证明了德布罗意公式的正确性。戴维森实验所用电子束的电子能量很低，仅有50~600电子伏特。同年，汤姆逊用较高能量的电子做了晶体对电子束衍射的实验，他让电子能量为1000~8000电子伏特的电子束垂直射入金、铂或铝等薄膜上，观测产生的衍射图样。实验观测和由德布罗意理论得到的结果非常一致，这充分证明了电子具有波动性，再一次用无可辩驳的事实向人们展示了德布罗意理论是正确的。以后，人们通过实验又观察到原子、分子等微观粒子都具有波动性。至此，德布罗意的理论作为大胆假设而成功的例子获得了普遍的赞赏，他荣获了 1929 年诺贝尔物理学奖。

专题（九）[36]

王充——传统物理学家

王充（27—约 97），字仲任，东汉会稽上虞（今属浙江）人，传统物理学家。

王充的传统物理研究涉及力、热、声、光、电磁等现象，本专题稍作列举。

第一，王充得到相对速度的概念。他说，硙（石磨）上行走的蚂蚁，由于向左转的硙的速度快，向右爬行的蚂蚁的速度慢，所以看起来是蚂蚁随硙一起左转。

第二，王充表述了近代动力学中关于质点组（或在一个由相互关联的各个单体组成的力学系统）内诸内力的总和等于零的原理。他说，一个力大无比的人，即使他能身负千钧、折断牛角、拉直铁钩，但他却"不能自举"，使己离地。"不能自举"，也就是这种作用力等于零。王充显然知道，物体的内力并不对它本身的位置或运动状态起任何作用，要使它改变位置或运动状态必须依靠外力。他将这个原理表述为"力重不能自称，须人乃举"。

第三，王充已有动力学的萌芽思想。他论述了尖劈、一定的作用力和运动物体的不同"重量"之间的关系、圆球和方块的运动等情形。特别是，他认识到在相同外力作用下，"重量"较大的物体，开始运动和改变运动的状态就较困难，这里多少隐含着瞬时加速度的概念。

第四，王充叙述了热源的冷热程度对周围的影响及热传导与远近距离的关系。他的叙述表明了热量的多少与其发生热传导的外界系统的关系。热量太少，不足于影响或改变巨大的外界系统的温度。

第五，王充认识到了日食这样的光学现象起因于月球挡住日光。

第六，王充对于声音传播的距离和声强都有一定认识，而且第一次在可见的水波和不可见的声波中作了类比。他说，人的言语举止使空气发生波动，波动变化的远近距离如同鱼使水产生的波一样是有限的；随声源振动而产生的空气波，就如同水波一样。

第七，王充指出了静电、静磁的吸引现象，并试图解释他物无此现象的原因。

第八，王充论述了雷电的性质，并提出了一些科学证据。

专题（十）[25, 37-38]

王淦昌——我国现代物理学家

1. 王淦昌的科学洞察力

王淦昌（1907.5.28—1998.12.10），中国实验原子核物理、宇宙射线及基本粒子物理研究的主要奠基人和开拓者，"两弹一星元勋"，在国际上享有很高的声誉。在70年的科研生涯中，他奋力攀登，取得了多项令世界瞩目的科学成就。本专题主要通过几则事例向大家呈现王淦昌在科研过程中敏锐的科学洞察力。

1930年，作为清华大学首届本科毕业生的他，赴德国柏林大学留学。他的导师是当时著名的核物理学家迈特纳。在那年的一次物理学会议上，王淦昌获知了玻特和贝克的一个新实验。他们用放射性钋放出的 α 粒子轰击铍核，发现了很强的贯穿辐射，并把这种辐射解释为 γ 辐射。而王淦昌却以他敏锐的科学洞察力对如此高能量的 γ 辐射产生了怀疑。玻特在实验中用的探测器是计数器，王淦昌设想，如能用云雾室作探测器，重复玻特的实验，可能会弄清这种贯穿辐射的本性。他希望能够使用实验室的云雾室进行实验探测，但没有得到导师迈特纳的同意。1932 年，查德威克发现了中子。他就是用云雾室、高压电离室、计数器等不同的探测器重复了玻特和贝克的实验，并计算出这种中性辐射粒子的质量，从而做出这一重大发现的。查德威克因此获得了 1935 年的诺贝尔物理学奖。事后，迈特纳曾对王淦昌说："这是运气问题。"

1942 年，王淦昌在美国《物理评论》发表了《关于探测中微子的一个建议》一文。文中他独具卓见地提出了验证中微子存在的实验方案，即利用 Be^7 原子核俘获 K 电子，把以往实验探测的普通 β 衰变末态的三体问题变成 K 俘获过程中末态的二体问题，从而使实验简化。这样 K 俘获中反应后的原子的反冲能量成为单能的，只要测出它的能量，就可以确凿地得到关于中微子的知识，使中微子的探测有了实际的可能。此实验方案意义重大，连王淦昌自己都曾对许良英讲，此项工作涉及的是理论上和实验上都一直未解决的重大问题，如果问题解决，可能得诺贝尔奖。后来该方案被阿伦、罗德巴克、戴维斯的实验所验证，成为关于中微子存在的最有力证据。这个事例再一次展现了王淦昌这位杰出科学家的科学洞察力。

1964 年，王淦昌又以他独特的科学洞察力独立提出用激光打靶实现惯性约束核聚变的设想。他在"利用大能量大功率的激光射器产生中子的建议"中，正式地提出"激光惯性约束核聚变"这一全新的概念。同年底，他写了一份长篇报告对用激光驱动热核反应做了基本分析和定量估算，交给邓锡铭，指导他们开展激光惯性约束聚变的预研工作。1965 年，邓锡铭等使激光器的输出功率达到 10^9 瓦；1973 年，邓锡铭等用 10^{10} 瓦高功率激光加热氘靶，首次测到了中子；1987 年，在王淦昌、王大珩的指导下，在邓锡铭的组织下，建成了以"神光"装置为代表的多项大型高功率激光工程。"神光"装置的输出功率为 10^{12} 瓦，可用于研究激光惯性约束聚变。

通过以上事例，大家已能清楚地看到王淦昌这位科学巨匠非凡的科学洞察力。笔者希望，青年学生能在打好专业基础的同时，向王淦昌老师学习，不断提高自身的科学洞察力。

2. 物理学思想方法[6, 8, 39-42]

科普要求倡导科学方法、传播科学思想，而大学物理课程中就蕴含着深刻的物理学思想方法，在课堂上可以结合物理知识作适当介绍。

例（一）

大家知道，自然界提供的事实不可胜数，我们在一定时间内不能充分看到每一事物，不能充分了解所有事实。事实既复杂，跑得又比我们快（当科学家发现一种事实时，在他周围一立方毫米内已经发生了数以亿亿计的事实），但科学家相信，事实还是有可寻的可能。它们之中有一些事实没有什么影响，告诉我们的无非是它们自己，而科学家也只不过得知了一个事实。另外，也有一些多产的事实，每一个都告诉我们新定律。所以，我们应将一些忽略，将另一些保留，即有必要做出明智的选择。那么，我们该如何做出选择呢？实际上，理智的自由出于选择，而选择需要有相对重要性概念，以便使它有意义。即应专注从事实过渡到定律以及寻找能导致定律的事实，选择有重要性的事实。所谓有重要性的事实，就是最有趣的事实，是把秩序引入到具有复杂过程中去的事实，是能够导致发现规律、可被理解的事实；就是类似于许多在我们看来似乎不是孤立的，而是与另外的东西紧密聚集在一起的事实；就是可以多次地运用事实，具有一再复现的机会的事实。而且，很可能复现的事实首先是简单的事实。我们应该偏爱似乎是简单的事实，而不选择那些我们肉眼辨认出不相似要素的事实。当然，如果简单性是真实的，则存在我们重新遇到这个同一简单事实的机遇，无论它在整体上是纯粹的，还是它本身作为要素进入复杂的复合体中。其实即便与要素密切地混合起来，以至于无法区分，这种密切的混合也同样比异质的集合复现的机遇更多。物理学家就是把这些类似的、深刻的，但却是隐蔽的、未加工的事实，将经验中的模糊和无秩序的因素，综合在一起来揭示它们的亲缘关系，察觉到简单事实的精髓。他们是真正的发现者。那么，简单的事实究竟在哪里？科学家在两种极端情形下（无穷大、无穷小，星际空间的无限性和原子结构的无限性）寻求它。如组成各种各样物质的原子、分子要比物质本身更像。

　　然而，当规则牢固建立后，当它变得毫无疑问后，与它完全一致的事实由于不能再告诉我们任何新东西，不久以后就没有意义了。也就是说，如果重要性失去了支配地位，经验就会变得琐碎。于是，例外就变得重要起来。即我们不去考虑相似，而要全力考虑差别。在差别中首先选择最易被强调的东西。如只由实验检验正确性的薛定谔方程就成了量子力学中的基本方程（牛顿方程是经典力学中的基本方程）。

　　当然，上述的重要性会产生兴趣，兴趣会导致区分。亦即重要性选择会有"要这个不要那个"的概念。如果我们要建立体系的话，这样的体系会是有限的，会有狭隘性，因为必然存在一些被排除在它的直接视野以外的概念。因此，可取的做法应是使我们的体系、视域（每一个实有，不管属于何种类型，在本质上都包含了它自身与宇宙的其他事物的联系，并把这种联系看作是从这个实有的宇宙，把这种联系称为这个实有的宇宙的视域）环境保持开放：经过起始阶段的"收集"，产生重要性的感觉、重要性的假定，即选择重要性概念（事实的重要性用它产生的效益来衡量，用它容许我们节省的思维数量来衡量）。而后全神贯注地大致把握论题，以使论题明确化并具有条理，进而强调少数几个范围广泛的概念，建立以一组封闭的原始观念为前提的体系。体系化后，同时注意其他各种不同的观念。当然这样的一种进程是没有尽头的。

例（二）

众所周知，喜欢自然的深奥美是科学家研究自然的原因之一。而深奥的美来自各部分的秩序，来自理智美。其中，表达是人类理智的标志之一。表达是以有限的情境为基础，是有限性将自身印记于其环境之上的那种活动。在环境中，表达是起初在表达者的经验中所接受的某种东西的散播。如人体作为人的表达等。当然，对于有限的理智说，在所有表达思维的方式中，语言无疑是最重要的。语言是表达的系统化。人们甚至认为语言就是思维，人类的精神活动和人类的语言彼此创造。譬如，物理学中用物理语言表达物理内容的情况。实际上，物理学中的物理表达方式是丰富的，例如简谐振动的旋转矢量表示法：自原点作一矢量，使它的模等于要表示的简谐振动的振幅，让它与 X 轴正方向的夹角等于该谐振动的初相位。令它以该谐振动的角频率作为角速度，绕原点沿逆时针方向旋转。矢量的端点在 X 轴上的投影点的运动的规律表达式就是简谐振动的表达式。可以看出，这种借助几何图形的描述方法、表达方式，能清晰而直观地把简谐振动的振幅、周期和相位反映出来。

例（三）

作为人类理智的又一标志，理解是大家都熟知的概念。所谓理解，就是自明性，它有两种方式：其一，如果被理解的事物是结构的，那就可按照这一事物的因素以及将这些因素构成这一整个事物的交织的方式，来理解这一事物；其二，是把事物看作一个统一体（不管它能否作分析），并获得关于它对其环境起作用的能力的证据。第一种方式把事物看作一种结果，可以称为内在的理解，第二种方式把事物看作一个表示原因的因素，可称为外在的理解。如理解一切与热现象有关的实际宏观过程都是不可逆的物理事实。当然，理解的推进方式也有两种。一种是把细节集合于既定模式之内，一种是发现强调新细节的新模式。如源于粒子波动性的不确定性的物理理解。

另外，虽说理解主要不是以推理为基础的，但我们的直觉的清晰性是有限的，因此推理是我们用以达到我们所能达到的那些理解的手段。或者说，有限的人类理解的进步主要依靠某些适当的逻辑抽象以及这种抽象中思维的发展。当然，一旦我们增加自明性，抽象就会减少，理解就会渗透到具体事实。例如，物理学中依靠能量均分定理来理解气体分子能量的交换和分配：把气体分子当作质点，有分子平动动能，有其他形式的运动（转动、振动）。这样分子的能量将会在平动、转动、振动等形式的运动之间不断地交换和分配（在常温下一般不考虑振动）。但怎样能逻辑地理解这样的现象呢？依靠能量均分定理——在温度为 T 的平衡态下，物质分子的每一个自由度都有相同的平均动能，大小都等于 $kT/2$。其中，一个热力学系统的内能是所有粒子的动能和所有粒子两两相互作用势能之和；对于理想气体（实际气体在无限稀薄时的极限），因分子之间无相互作用势能，内能等于所有分子动能之和，内能只是温度的函数，而与体积无关。而对于非理想气体的热力学系统，内能除了与温度有关以外，还与体积有关，内能是状态参量的函数。至此，这样的逻辑理解就体现了从允许有这种抽象的统一的抽象细节开始到所达到的结构统一的特有态度。

例（四）

大家应该知道，在已实现的实事中，没有任何东西与它以前的自我保持有完全的同一性，在其他过程中，区别是重要的。也就是说只要与过程的关系未弄清楚，任何事物实质上最后都未被理解。比如考虑两个运动的电荷间的电磁相互作用问题时，因为电荷间的电磁相互作用要通过场来传递，而这种传递是需要时间的，并不是瞬时的。因此，两个运动的电荷间的电磁相互作用不满足牛顿第三定律。这就是说牛顿定律仅适用于实物间的相互作用问题，不适用于通过场传递的相互作用，而只有对静止电荷体系这样的特殊情况，它们相互间的作用才满足牛顿第三定律。当然，在通常的力学问题中，由于我们考虑的系统内物体间的距离比较近，物体运动速度与场的传递速度相比又很小，所以人们认为牛顿第三定律总是成立的。再比如考虑半波损失：当光以 0° 或接近 90° 的入射角从折射率较小的光疏介质入射到折射率较大的光密介质表面（垂直入射或掠入射）反射时，反射波的相位与入射波的相位间会产生 π 的相位突变，这一变化导致了反射光的光程在反射过程中附加了半个波长。

那么，什么是过程？过程其实就是有一种节奏，创造活动由此引起了自然搏动，每一搏动形成了历史事实的一个自然单位。如果过程是现实事物的基本的东西，那每一个终极的个别事实都一定可以描述为过程。换句话说，存在的本质基于从材料到结果的转化之中，不能把存在从"过程"中抽象出来。特别是，由于个别事物的特点反映在作为它们的相互联系的共同过程的特点之中，或者说对世界的整个理解在于根据所包含的个别事物的同一性和歧异性来分析过程，所以任何过程都不能撇开所包含的特殊事物来考察。例如，物理学中稳定态、平衡态的过程考察：假设有一盒气体，用隔板封装在容器的左侧，右边为真空。抽去隔板后气体分子向右运动，经过足够时间后，分子均匀地分布在整个容器中，此时，气体有确定的体积和确定的压强，气体系统处在稳定的宏观状态；再假设将一铜棒的一端插入沸腾的水中，另一端插入冰水混合物中，经过一段时间后，铜棒的冷热程度虽然随位置不同逐渐由冷变热，但各处的冷热程度不随时间而变化，铜棒处在稳定态。然而，这两个系统虽然均处在稳定态，但前一个系统是处在平衡态，而后一个系统处在非平衡态。因为我们定义，在不受外界影响的条件下，系统的宏观性质不随时间改变的状态称为平衡态。由此可见，平衡态的定义比稳定态的定义（一个热力学系统在适当条件下，有些宏观性质可以稳定不变，称为稳定态）条件更苛刻，稳定态只要求宏观性质不随时间改变，但平衡态还要附加一个条件，不受外界影响。

以上就从过程的转化（时间）分析了两个热力学系统的同一性和歧异性。事实上，过程还有科研过程意义上的解释：在人类思想史上没有一个科学结论未加改变而一直保留下来，如把物质从时间中抽出来，在"瞬间"设想物质的物质描述方式等，是一个研究过程的结果，但同时是它本身以外的过程的一部分材料，亦即只有当它处于形成未来的那种活动材料中才能被理解。或者说，科学所研究的是在一定观察方式内显得重要的、大的平均作用。

例（五）

大家都知道，牛顿在求解两个物体间引力作用规律时，通过研究变量数学，创立了伟大的微积分；麦克斯韦凭借自己娴熟的数学（矢量代数和微分方程），推导、总结出电磁学方程组，为电磁学研究奠定了坚实的理论基础，预言了电磁波的存在；菲涅尔从横波观点出发，依据严密的数学推理，建立起波动光学理论；普朗克提出能量量子化，用统计学得到普朗克公式，成为量子力学的开拓者；爱因斯坦提出广义相对论，接着借数学家格罗思曼的帮助，用黎曼几何解决了引力问题，为研究宇宙开辟出广阔的前景，成为人类智慧的象征。那么，这些说明了什么？说明了数学和逻辑推理在物理学中的重要性。下面具体介绍一下。

在数学中，存在一词意味着没有矛盾。比如真正建立在分析逻辑原理基础上的证明（理解不仅要了解证明的所有演绎推理正确，而且要了解为什么以这种秩序而不以另外的秩序联系起来），由一系列的命题组成，一些原理作为前提将成为恒等式或定义，另一些将从前提一步一步地推导出来。但尽管每一个命题和紧接着的命题之间的结合物是直接自明的，好像也无法一眼看到我们是如何从开头到达最后的，于是我们可能被诱使把最后的东西看做是新的真理。也就是说数学概念十分精练，是严格定义的（一开始不使严格性进入定义，严格性就无法在推理中确立），再经过命题逻辑、类逻辑、关系逻辑等，完全可以使数学成为一种精确的方法（数学方法从广义上说，是指数学概念、公式、理论、方法和技巧的总和；从狭义的角度讲，是指运用数学来分析、计算问题的各种具体的方式与方法）。而物理科学中的具体对象往往正好是它的粗糙图像，正好可以运用它使粗糙的原始概念与图像变得纯粹、变得精确，这就使得物理学中的粗糙图像具有了推理赖以进行的精确性。

事实上，数学推理的逻辑元素可以有纯粹的形式特征，比如设想三种事物：点、线、面，在不知道点、线、面是什么的情况下，根据逻辑就可进行证明。或者说所有的定理都能用纯粹解析的程序，用有限数目的假定（由于这些推论在数目上是无限的，我们只能使自己满足于证实某些推论，如果成功便宣布该假设被确认了，因为如此多的成功不可能出于偶然性）的简单逻辑组合推导出来。这在物理学中也是多见的。

另一方面，数学问题中不仅存在着差异，而且还存在着差异间的联系。数学问题就是差异与联系的统一体，数学创造的本质即在已知的数学事实造成的新组合之中做出正确的辨别、选择。也就是说，数学创造实际上并不在于用已知的数学实体做出新的组合，因为任何人都会做这种组合，但这样做出的组合在数目上是无限的，而创造在于不做无用的组合，而做有用的、为数极少的组合，在于向我们揭示其他事实之间意料之外的关系的事实。当然，在所选择出来的组合中，最富有成果的组合常常是从相距很远的领域取出的要素形成的组合。而这往往可能需要一些非常规方法，如直觉与灵感等。所谓直觉，即先验综合判断，它依据从对个别事实的经验到特征概念这条根本性的路线（现实性是潜在性的例证，而潜在性是用事实或用概念对现实性的特征描绘），使我们推测隐藏的数学秩序与关系，并使数学世界与实在世界保持接触。而灵感、顿悟的显现，则是长期无意识工作的结果。因为有意识的自我严格地受到限制，无意识的自我在短时间内能做出的各种组合较多，在数学创造中起着重要的作用。这里不妨做个比喻：在心智完全休眠时，带钩原子不动，钩住了墙壁，这种完全的休息可以无限地延续下去，没有相遇的原子之间也无任何组合。而在表面休息和无意识工作期间，它们中的某些原子脱离墙并开始运动，相互碰撞产生新组合。当然，初期有意识地工作才使这些原子中的某一些可以运动，才把它们从墙上卸下来并使它们自由活动，才使之经受碰撞，从而使它们进入它们之间的组合，或者使它们与在它们的进程中撞击到的其他静止的原子形成组合。这就是说，突如其来的灵感是在自愿的努力若干天后，努力驱动无意识的机器而出现的，而且在我们无意识活动的无数产物中，形成的大量组合中，只有某些组合的要素秩序地配置，以致心智能毫不费力地包容它们的整体，同时又能认清细节；只有某些组合是美的，能触动审美情感，变成有意识的机会；只有某些组合被召唤，变成有意识的现象，就是直接或间接且最深刻地影响我们情感的现象。

例（六）

在每一个领域中，精确的定律并非决定一切，它们只是划出了偶然性可能在其间起作用的界限，这已是共识。事实上，古人把现象区分为表面上服从确立起来的定律的现象（即使自然定律对我们已无进一步的秘密可言，我们也只能借助仪器等近似地知道初始状态。如果情况容许我们以同样的近似度预见后继的状态，这就是我们所要求的一切，那么我们便说该现象被预言了，它受规律支配）和归之于偶然性的现象，后者是无法预言的现象，因为它们不服从所有的定律。亦即偶然性仅仅是我们无知的量度，偶然发生的现象就是我们不知道其规律的现象。在我们不知其原因的现象中，有一种是偶然发生的现象，概率运算将会暂时给出它们的信息，另一种不是偶然发生的，只是我们未决定支配它们的定律，无法谈论它。我们必须区分上述两种现象。另外，还要区分随意性与偶然性：随意性可能与所有定律相对立，而偶然性却有它的定律。

那么，偶然性究竟是怎样的呢？其实，如果初始条件的微小差别在最后的现象中产生了极大的差别，预言变得不可能了，我们就看到了偶然发生的现象。或者说，原因上的微小差别产生了结果上的巨大差别。这在物理学中是常见的。然而，如果原因上的巨大差别引起了结果上的微小差别，则我们可以说原因的复杂性和多重性产生了均匀性，或者说结果的简单性恰恰源于已知条件的复杂性。在此情况下，不管原因是微不足道的，还是相当复杂的（偶然性的复杂的原因长时间起作用，有助于产生要素的混合物，它们至少在小区域内倾向于使一切变均匀），我们都至少可以平均地预见它们的结果（即使我们不足以预见它们在每一个案例中的结果）。如物理学中的系统的宏观量实际就是对应粒子某种微观量的统计平均值（温度可以是分子平动动能的统计平均值，大量气体分子的撞击可以形成压强等）。

例（七）

众所周知，空间实际上是无定形的，唯有处于其中的物才给它一种形式，即空间表示成就的停顿，空间有相对性。或者说如果我们没有测量空间的工具和相对参照物，我们便不能构造空间，我们的人体就是这样的工具，作为坐标系为我们服务。当然，谈到测量，我们都知道，无论在哪一种情况下，都不是绝对数量的问题，而是借助某种手段测量这一数量的问题，我们测量的只不过是该数量与测量手段的关系，如果这个关系改变了，我们便无法知道，究竟是这一数量变了还是测量手段变了。

下面再谈谈空间。事实上，空间可分为局部空间和广延空间。局部空间，是参照于与我们人体相联系的坐标轴的，而且这些坐标轴固定，我们人体不动，只是我们人体的某些部位移动。于是，局部空间就不是均匀的，空间中的不同点就不是等价的。因为一些点只有花费最大的努力才能到达，而另一些点则容易达到。然而，广延空间是均匀的，所有点是等价的。因为广延空间是从人体的某一初始位置（坐标轴固定在这一初始位置）开始，通过要达到它所做的一系列动作来认识的。显然，不同位置，人体依然能够做相同的动作，不管空间是参照轴 A 还是参照轴 B，它的特性依然是相同的，这也是空间相对（不存在绝对空间，只存在相对于人体某一初始位置的空间）的原因。

当然，物理学中关于空间、时间有更丰富的讨论。比如狭义相对性原理：力学运动定律在所有惯性系中均成立，具有完全相同的数学形式，我们不能通过任何力学实验确定一个惯性参照系对另一个惯性参考系的运动。这就是力学相对性原理。而作为力学相对性原理在绝对时空观被否定的前提下很自然的推广和发展，狭义相对性原理认为物理定律在一切惯性系中都是相同的，可以表示为相同的数学表达形式，或者说，惯性参考系对所有物理规律都是等价的。再比如超弦理论认为：弦状的粒子，在 10 或 26 维时空中扭曲，产生了宇宙中的一切物质和能量，乃至空间和时间。还有 M 理论认为宇宙是 10 维或 11 维，但在低能情况下，如目前的现实情况，除4 维时空外，另外的 6 维或 7 维卷曲得很小，无法观察。

例（八）

实际上，在物理学的研究过程中，常规方法和非常规方法都很重要，下面简要介绍几种常规与非常规方法。

（1）观察与实验。观察方法是在自然条件下，对客观事物进行科学的观察，从似乎平常的现象中，找出有关方面的联系，从偶然现象中找出必然规律。而实验方法是在人为条件下，对客观事物进行科学的观察、研究自然规律的活动。

（2）比较与分类。比较方法是确定被研究对象之间异同点的思维过程和方法；分类方法是根据被研究对象之间的异同，将对象区分为不同种类的逻辑方法。并且，当科学没有直接的结合物时，也可通过类比相互阐明。在物理学中，这些方法运用很多。如电场线发自于正电荷终止于负电荷，在没有电荷的地方不中断。具有这种性质的场我们称之为有源场。静电场是有源场。而磁力线总是无头无尾的闭合线，通过任意闭合面的磁通量为零，即磁场是无源场。而且变化的磁场在其周围激发一种电场（感应电场）是无源场，变化的电场则可以等效为一种电流（位移电流）。虽然麦克斯韦位移电流和感应电场的概念是一种理论上的假设，但其正确性已由大量实验验证。

再比如衍射分为两类：一类是衍射屏离光源和观察屏的距离为有限远时的衍射，称为菲涅耳衍射；另一类是衍射屏与光源和观察屏的距离都是无穷远的衍射，也就是照射到衍射屏上的入射光和离开衍射屏的衍射光都是平行光的衍射，称为夫琅禾费衍射。

还比如光的偏振：在电场矢量和磁场矢量中，对人的眼睛或感光仪器起作用的主要是电场矢量，因此电场矢量 E 称为光矢量。光（光矢量）在与传播方向相垂直的平面内的各种振动状态称为光的偏振。偏振现象是横波区别于纵波的一个标志。那么，在光的传播过程中如果光矢量始终保持在一个确定的平面内，称为线偏振光，且在与光传播相垂直的平面内，线偏振光的偏振面表现为一直线。而如果迎着光的传播方向看，光矢量绕着光的传播方向旋转，旋转角速度对应光的角频率，光矢量端点的轨迹是一个椭圆（或圆），则称这种光为椭圆（或圆）偏振光（可看做线偏振光叠加而成）。当然，自然光是普通光源发出、大量原子随机发射的光波列的集合，可分解为两束等幅不相干的线偏振光。

（3）分析与综合。分析方法是以分析事物的整体与部分关系为其客观基础，通过抽象思维找出事物的客观规律；综合方法是对同一事物各部分的分析结果组成一个统一的有机整体，或是将不同种类、不同性质的事物有机地组合在一起。

（4）归纳与演绎。归纳方法是从事物到概括、从感性到理性、从个性到共性、从个别到一般、从特殊到普遍的升华；演绎方法是根据某一类事物都具有的属性、关系和本质，来推断该类中的个别事物也具有此属性、关系和本质。

（5）假设与模型。假设方法是在对已有观察和实验的结果进行思维加工后，提出一些假定性的解释和说明，或是指明新的观察和实验的方向，预见新事物的存在，是从已知到未知的中间环节。而模型方法是通过建立物理或数学的模型来研究客观规律。

（6）机遇与想象。想象人在头脑里对已储存的表象进行加工改造形成新形象的心理过程，如物理学中场的概念。事实上，有两种存在：实物和场。场是客观实体，有质量、能量和角动量，是一种具有特殊形态的物质，是物理学中出现的新概念，是自牛顿时代以来最重要的发现，需要有很丰富的科学想象力才能理解。

（7）失败与反思。

总之，物理学的研究要求纪律、注意力、意志，要求意识，而且在研究中，观察实验是基础，数学方法是核心，科学思维是关键。

三、物理学知识向其他学科知识的延伸

物理学知识被公认为是自然科学知识的基础，是现代许多分支学科、新兴学科、交叉学科及一切高新科技的基础。而作为理工科各专业学科基础课的"大学物理"课程，包含着学生后续课程必需

的、为其他学科专业的学习奠定扎实的、必要的知识基础的物理知识。也就是说，依托"大学物理"课程中的物理知识，运用多种方法，适当向学生所学专业的有关学科专业知识延伸，不仅是可行的，也是必要的。这也是大学物理科普颇具特色的科普实践形式。

四、"师言师语"式教学风格

在大学物理课堂上，教师可以尝试采取笔者"师言师语"式的教学风格进行教学，以此来普及科学技术知识、倡导科学方法、传播科学思想、弘扬科学精神、树立科学道德。这也是该课程中重要的科普实践形式。下面具体介绍一下。

如文献43所述，考虑到言语符号在教育中的特点和功能，"师言师语"式的教学风格体现在讲授物理内容时，适时适度临场根据学生反应和物理内容凝练出一些科学思维、学习态度、方法等方面的语言（笔者称这些语言为"师言师语"），让学生记下，师生共勉，以此来促进本节物理内容以及整门课程，甚至其他课程的学习。以下是笔者学生记下的笔者在课堂上的部分"师言师语"：

（1）解题能力实际上就是能在正确的时间用正确的方法办正确的事情，抑或对思维进行不断调整。

（2）自学不只包括时间上的保证，更重要的是在自学思维强度上的保证，要善于克服思维惰性。

（3）学习者在学习过程中往往需要记住一些核心词汇，学习者可以通过它记起最大信息量的相关知识。

（4）核心词汇的提炼是在学习过程中积淀形成的，因为知识如果不应用便会被遗忘。

（5）没有活力的知识无用。

（6）要看到前途，看到光明，要用汗水去历练本领，用智慧升华人生。

（7）能力一般要以知识为载体。

（8）课堂上要求学习者保持高速的思维运转，在老师所讲的内容基础之上举一反三，触类旁通，且要有批判思维，即否定的哲学思想。

（9）大学课堂，是一种开放式的课堂，在大学讲堂上，教师一定要摈弃"抱着走"的教学方式，大量采用启发式、讨论式教学，在讲授内容上绝对不能照本宣科，一定要在学科的前沿性、宽广性以及科研成果方面有所体现。

（10）在隐形知识的迁徙过程中要把这种迁徙意识变成学习者的本能。

（11）每位学习者都要崇尚成功，在成功的道路上允许失败，但必须用辛勤的汗水去培养成功，不断地成功可以增强学习者的自信心。

（12）学习者应做到以无数次成功体验来增强自己的自信心，然后以强大的自信心来挑战无数个学习难题。这也说明自信一定是一位学生专业素养的表现之一。

（13）大学学习的目标不只是获得什么知识，更重要的是学会在什么地方用什么方法获得什么知识。

（14）我们的学习态度可嘉，表现优异，只要假以时日，必将冲破重重迷雾，迎接光辉的明天。

（15）人外有人（特殊教学背景下的特殊语言）。

（16）大学生平常的日常习惯，在一定程度上决定未来的发展。

（17）科研需要有恒心，有丰富的想象力。

（18）科研就是从事人类前所未有的工作，而且研究成果作出后，应当以一种鲜活的形式呈现在读者面前。

（19）学习者在学习过程中最大的痛苦莫过于不知道不会什么内容，不懂什么内容，即不知学习对手是谁，不知拦路虎是谁。

（20）学习者应当充分利用资源，充分发挥主观能动性，充分发挥不畏艰难的精神，以充分实现自己的理想。

（21）新时代的青年学生，不管在前进的道路上遇到多少坎坷，多少风浪，多少艰难险阻，都一定要以一种内心强大的姿态去面对，只有这样，我们的青年学生，才能不负使命。

（22）学习者在学习过程中遇到有难度的学习内容时，要有决心，有耐心，有信心，而且要肯吃苦，肯坚持，只有这样，才能较好地掌握这些内容。

（23）学习过程中的愉悦感，是以大量艰苦的努力劳动为前提条件的。

（24）学习者在学习过程中一时兴起，心血来潮，付出大努力去拿下一个学习难关相对容易，而细水长流，持之以恒付出小努力去耕耘自己的学习生活相对较难。

（25）在一些物理推导中，看似复杂的公式蕴含的物理概念不一定多；反之，则不一定少。

（26）物理学习者在学习过程中要事必躬亲，甚至每一个细节都要仔细消化，只有这样才能对知识结构熟练把握，也只有这样才能在适当的场合产生联想，做出科研成果。

（27）在大学物理的学习过程中，学生要以艰辛的劳动为基础（大学物理内容为高深知识），努力构建核心知识框架结构，这些结构在以后的岁月里是绝对不能忘的，因为它们体现着我们的专业素养。

（28）在原子物理学的学习过程中，有些内容要且行且思，要以发展的眼光解决行进中的困难，而不是限于个别知识而止步不前。

（29）在受过高等教育后，受教育者应该具备对知识、对技能的自我评价和自我剖析能力。

（30）在物理学的学习过程中，有些内容看似简单，似乎顺理成章，其实它们往往蕴含着比较深刻的物理意义，对它们的研究一旦有所突破，则极有可能具有划时代的意义。

（31）在学习物理的过程中，有些问题不需要马上搞清楚，而是要在头脑中留下一个学习痕迹，一个学习印象，以后在恰当的时间，恰当的物理场景，就会牵出这些印象，它们将有助于问题的最终解决。

（32）在物理学学习过程中，只有兴趣的学习动机或者说学习准备是远远不够的，学生一定还要充分认识恒心、毅力对学好物理学的重要性。

（33）物理学的推导是出神入化的，它对思维上的训练作用是不可估量的，对于美学素养的提高也是不可低估的。

（34）对于高等物理教育过程来说，除感性经验外，还需要一种从抽象到抽象的能力。

（35）在大学物理教育里，要有意识地培养学生的创新意识，而这种创新意识培养的最好载体之一就是高等教育中的知识内容。

（36）科学技术的进步在一定程度上依赖于科学技术普及的水平，只有大众参与科学技术，科学技术的发展才有充足的发展动力。

（37）在科学上最原始的创新应该是提出新概念、发现新现象、创建新理论等。

（38）学习者在学习中，必须勤学苦练，用汗水去浇灌自己的学习园地。只有这样，学习园地才能盛开幸运之花。

（39）对于教育工作者来说，在课堂上，如果有某句话，对学生有很深的触动，则大功也！

（40）在大学的学习过程中，学生一定要学会独立地获取知识，独立地思考问题，独立地处理解决问题。

（41）青年学生的内心世界是比较复杂的，但是要妥善处理自己的内心情感问题，因为只有妥善应对这些问题，才有可能拥有一个健康的、独立的情感世界，才能有效地体现"我"的存在。

（42）善良的行为各有各的不同，善良的心的本质都是一样的。

（43）学生对自己一定要有一个适合的、高的标准。

（44）大学生如能多接触一些自然科学知识，那么他的智商一定会提高，在专业领域内也一定会有新的思路，可能会有"柳暗花明又一村"的神奇境界。

（45）任何内容都蕴含在一定的形式当中。

（46）踏实的学习作风是靠生活的点滴培养的，这种作风一旦形成，将形成强大的行为习惯，这种强大的行为习惯一旦形成，将把强大的你推向事业的巅峰。

（47）近代科学典型特征之一是从具体事物到抽象概念原理之间建立了可逆的桥梁。

（48）学生在本科教育中，不管专业如何，都应学到使自己终身受益的东西，而不只是知识本身。

（49）一个人在成长过程中，应该进行经常性的思考，思考可以没有结果，但不能没有思考的过程。特别是作为大学生，经常性的思考应该是我们的生活态度。

（50）不论学习什么，思维上的不畅才是收获的过程；如果很通畅，则可能没有完成自身经验世界的重组，对学习能力的提升可能是有限的。

（51）我希望每位学生在各自的大学生活中，每日总结一次，如能坚持，定有收获。

（52）青年学生要有高尚的理想追求，并且要在实践中淋漓尽致地去诠释自己的理想。当然，我们不要求每个学生理想都能实现，但我们要求每个学生在诠释中做到无悔！

（53）文化能力不是靠一朝一夕的努力所能达到的，而是日积月累的一种沉积。

（54）在大学期间，学生要有意识地培养自己思维的深刻性。

（55）一个学生特别优秀的一面往往能够带动这个学生不太优秀的许多方面。

（56）我们在求学过程中，知识体系处在不断更新之中，这种更新是一种有机的提高，不是知识的机械叠加。

（57）在大学的课程学习中，要学会吸收、内化、再吸收、再内化，在此过程中，专业内功应该得到提升。

（58）只有充分学习、吸收前人成果，谈创新才有意义。

（59）一个人如果不想成为最优秀的人，那么他一定成不了最优秀的人。

（60）大学生在心态上要重视过程，要不断审视自己在过程中是否全身心投入，至于结果可以看淡一些。

（61）对于人眼不能直接观察的客观世界的想象能力是物理学习者要重点提高的方面之一，还有培养自己的独立思考能力与独立判断能力也很重要。

（62）课堂师生情感交流很重要，这是学生对教师授课的反馈方式之一，并有助于教师及时调整教学。

（63）高等教育中的"高等"意味着毕业生能够独立地对客观事物作出审视性的评价。

（64）对于物理学习者来说，可能难的不是数学上的计算，而是难在物理概念的理解，在概念的理解过程中可能需要学习者以发展的眼光解决问题。

（65）物理学习者在科学实验时，要尽量观察到一些细节，要尽量灵动地捕捉这些细节，只有这样，才可能得到一些成果。

（66）在大学生活中，学生应通过聆听学术讲座等形式来提高自身的学术修养，来提升自身的学术境界和学术气质。

（67）很多课本记录了自己人生的轨迹，具有收藏价值。

（68）在高等教育过程中，学生在学习知识的同时应形成一定的专业技能。专业技能有以下特点：高度的灵敏性、稳定性、协调性、迅捷性。

（69）有的学习者通过多次实训，能把教师讲授的内容掌握得很好，也能得出一些好成绩。但如果学习能力没有提升，这些"好成绩"是表面的，表面性直接体现在学习者遇到新问题时的束手无策和创造力的缺失等。

（70）我们这个世界上最简单的事物往往蕴藏着最复杂的道理。

参考文献

[1] 巴尼特. 高等教育理念. 蓝劲孙, 译. 北京: 北京大学出版社, 2012.

[2] 教育部人事司、教育部考试中心. 教育学考试大纲. 上海: 华东师范大学出版社, 2002.

[3] 李剑萍. 大学教学论. 济南: 山东大学出版社, 2008.

[4] 靳萍. 科学的发展与大学科普. 北京: 科学出版社, 2011.

[5] http://baike.baidu.com/view/15707.htm.

[6] 上海交通大学物理教研室. 大学物理教程. 上海: 上海交通大学出版社, 2010.

[7] 李师群. 重视物理基础教育, 提高高等学校的人才培养质量. 物理与工程, 2013, 23, 1: 5-7.

[8] 高兰香, 陈中华. 大学物理自主学习现状调查与分析. 物理与工程, 2013, 23, 1: 54-56.

[9] 陈华. 基于文化开展物理教育的价值分析及其注意问题. 物理与工程, 2013, 23, 1: 57-61.

[10] 杨兵初, 徐富新, 周克省. 创建一流大学物理教学平台培养高素质创新型人才. 物理与工程, 2013, 23, 3: 28-31.

[11] 罗文华. 大学物理教学改革的对策. 物理与工程, 2013, 23, 4: 34-36.

[12] 李文胜，张琴，黄海铭. 初探"卓越计划"下的大学物理教学. 物理与工程，2013，23，4：42-44.

[13] 教育部高等学校物理学与天文学教学指导委员会，等. 理工科类大学物理（实验）课程教学基本要求. 北京：高等教育出版社，2010.

[14] 袁清林. 科普学概论. 北京：中国科学技术出版社，2002.

[15] 周孟璞，松鹰. 科普学. 成都：四川科学技术出版社，2007.

[16] 长治学院电子信息与物理系科普组. 科学与文化十讲. 成都：西南交通大学出版社，2012.

[17] http：//baike. baidu. com/view/8985. htm.

[18] 弗·卡约里. 物理学史. 2 版. 戴念祖，译. 桂林：广西师范大学出版社，2008.

[19] http：//baike. baidu. com/view/2218. htm.

[20] 佚名. 受人曲解时你可以选择微笑. 山西青年报，2011-2-26.

[21] 刘寄星. 爱因斯坦和同行审稿制度的一次冲突. 物理，2005，34，07：487-490.

[22] http：//baike. baidu. com/view/823618. htm.

[23] 姚立澄. 对王淦昌抗战时期科学工作的补充研究. 中国科技史料，2003，24，2：104-111.

[24] http：//baike. baidu. com/view/1511. htm.

[25] 鲁大龙. 国外牛顿研究综述. 自然辩证法研究，1992，8，7：43-50

[26] http：//zhidao. baidu. com/question/115899528. html?fr=qrl&cid=84&index=3.

[27] 吴国盛. 科学的历程. 2 版. 北京：北京大学出版社，2002.

[28] http：//www. hpe. sh. cn/ShowNews. asp?ArticleID=32394.

[29] http：//baike. baidu. com/view/5051. htm.

[30] 郭奕玲，沈慧君. 物理学史. 2版. 北京：清华大学出版社，2005.

[31] http：//baike. baidu. com/view/367688. htm.

[32] http：//baike. baidu. com/view/4710. htm#sub4710.

[33] http：//baike. baidu. com/view/4868. htm#sub4868.

[34] 戴念祖. 中国物理学史古代卷. 南宁：广西教育出版社，2006.

[35] http：//baike. baidu. com/view/4104. htm#sub4104.

[36] 王士平，刘树勇，李艳平，等. 近代物理学史. 长沙：湖南教育出版社，2002.

[37] 怀特海. 思维方式. 刘放桐，译. 北京：商务印书馆，2010.

[38] 昂利·彭加勒. 科学与方法. 李醒民，译. 北京：商务印书馆，2010.

[39] 章新友. 物理学的方法论与发展前沿研究. 物理与工程，2013，23，3：32-36.

[40] 任全年，王爱国. 怎样在普通物理教学中恰当地应用数学方法. 物理与工程，2013，23，4：30-33.

[41] 郝瑞宇. 谈"师言师语"式教学风格. 长治学院学报，2011，28，2：8-9.